全国高职高专家具设计与制造专业"十二五"规划教材

3DSMAX 家具建模基础与高级案例详解

潘速圆　肖　飞　编著

胡华锋　干　珑　潘质洪　杨伊纯　参编

东莞职业技术学院家具教研室
顺德职业技术学院家具教研室
中山职业技术学院家具教研室　联合编写
东莞市轻工业学校家具教研室

中国轻工业出版社

图书在版编目(CIP)数据

3DSMAX家具建模基础与高级案例详解/潘速圆等编著.—北京:中国轻工业出版社,2015.2
全国高职高专家具设计与制造专业"十二五"规划教材
ISBN 978-7-5019-9993-4

Ⅰ.①3… Ⅱ.①潘… Ⅲ.①家具–造型设计–计算机辅助设计–三维动画软件–高等职业教育–教材 Ⅳ.①TS664.01–39

中国版本图书馆CIP数据核字(2014)第251769号

责任编辑:陈　萍
策划编辑:林　媛　陈　萍　　责任终审:张乃东　　封面设计:锋尚设计
版式设计:王超男　　　　　　责任校对:晋　洁　　责任监印:张　可

出版发行:中国轻工业出版社(北京东长安街6号,邮编:100740)
印　　刷:三河市万龙印装有限公司
经　　销:各地新华书店
版　　次:2015年2月第1版第1次印刷
开　　本:787×1092　1/16　印张:20.25
字　　数:510千字
书　　号:ISBN 978-7-5019-9993-4　定价:49.00元
邮购电话:010–65241695　传真:65128352
发行电话:010–85119835　85119793　传真:85113293
网　　址:http://www.chlip.com.cn
Email:club@chlip.com.cn
如发现图书残缺请直接与我社邮购联系调换
131439J2X101ZBW

全国高职高专家具设计与制造专业
"十二五"规划教材编写委员会

出 版 说 明

本系列教材根据国家"十二五"规划的要求,在秉承以就业为导向、技术为核心的职业教育定位的基础上,结合家具设计与制造专业的现状与需求,将理论知识与实践技术很好地相结合,以达到学以致用的目的。教材采用实训、理论相结合的编写模式,两者相辅相成。

该套教材由中国轻工业出版社组织,集合国内示范院校以及骨干院校的优秀教师参与编写。经过专题会议讨论,首次推出 24 本专业教材,弥补了目前市场上高职高专家具设计与制造专业教材的缺失。本系列教材分别有《家具涂料与实用涂装技术》《家具胶黏剂实用技术与应用》《木质家具生产技术》《木工机械调试与操作》《家具设计》《家具标准与标准化实务》《家具手绘设计表达》《家具质量控制与检测》《家具制图与实训》《AutoCAD 家具制图技巧与实例》《家具招标投标与标书制作》《家具营销基础》《实木家具设计》《家具工业工程理论与实务》《实木家具制造技术》《板式家具制造技术》《家具材料的选择与运用》《板式家具设计》《家具结构设计》《家具计算机效果图制作》《家具材料》《家具展示与软装实务》《家具企业品牌形象设计》《3DSMAX 家具建模基础与高级案例详解》。

本系列教材具有以下特点:

1. 本系列教材从设计、制造、营销等方面着手,每个环节均有针对性,涵盖面广泛,是一套真正完备的套系教材。

2. 教材编写模式突破传统,将实训与理论同时放到讲堂,给了学生更多的动手机会,第一时间将所学理论与实践相结合,增强直观认识,达到活学活用的效果。

3. 参编老师来自国内示范院校和骨干院校,在家具设计与制造专业教学方面有丰富的经验,也具有代表性,所编教材具有示范性和普适性。

4. 教材内容增加了模型、图片和案例的使用,同时,为了适应多媒体教学的需要,尽可能配有教学视频、课件等电子资源,具有更强的可视性,使教材更加立体化、直观化。

这套教材是各位专家多年教学经验的结晶,编写模式、内容选择都得到了突破,有利于促进高职高专家具设计与制造专业的发展以及师资力量的培养,更可贵的是,为学生提供了适合的优秀教材,有利于更好地培养现时代需要的高技能人才。由于教材编写工作是一项繁复的工作,要求较高,本教材的疏漏之处还请行业专家不吝赐教,以便进一步提高。

前　　言

　　计算机辅助设计是艺术设计类专业普遍应用的重要手段,而 3DSMAX 是计算机辅助设计最为重要的软件之一,在广告、建筑、工业设计、动漫、家具、室内设计中具有广泛的应用,例如,应用 3DSMAX 建立尺度比例合理的三维模型、渲染制作栩栩如生的效果图、制作各种动画等。3DSMAX 功能强大,实用性强,逐渐成为艺术设计类专业人士进行设计时最流行的表达手段。

　　在家具设计中,绘制直观形象的家具立体效果图是设计师表达设计构思的重要手段和方法。设计家具、构思其外观造型时,效果图必不可少,而手绘效果图是设计师们在设计初期最直观的表现手段,他们往往随手勾画出多种式样的家具立体设计草图,这种草图往往是随意的,有诸多表现个性和脱离实际的艺术色彩,与实际状况不吻合,所以草图与真实情况往往有或多或少的差别,有时还会严重失真,无法准确体现设计者的真实意图。这样的手绘效果图对于产品造型评价、市场前景评估会产生诸多不利影响。

　　而 3DSMAX 模型的建立、效果图的渲染是按照现实进行虚拟的,几乎等同于产品已经制作出来摆在人们的面前,犹如用眼睛观察客观存在的真实产品,等同于产品照片,无限接近于真实。鉴于 3DSMAX 在产品设计上如此杰出的视觉表现效果,现在几乎所有家具企业设计部门都应用此软件,有些家具企业甚至直接用设计方案 3DSMAX 模型与效果图代替产品开发的第一次放样,大大节约了家具产品的开发成本,缩短了产品开发周期。

　　本书编写专家全部为从事家具专业教学工作多年的教师,在教学工作之余积极从事产学研合作,为家居、家具企业进行专卖店数字化 3D 展示平台开发,为室内设计企业建设室内设计家具素材库等工作。他们根据多年的教学实践与设计实践经验来安排本书的编写结构,尽量使基础理论与案例操作体现 3DSMAX 软件的知识重点与要点,用家具案例解析充分展示综合应用 3DSMAX 软件的技能与方法,理论教学附有案例实践,综合案例配有理论分析,将理论教学、案例解析以及家具设计有机统一。

　　参与本书编写与整理的人员有潘速圆、肖飞、干珑、胡华锋、潘质洪、杨伊纯、蔡漫、杨中强。

　　由于时间仓促,加之作者水平有限,书中出现的失误与不足之处,敬请读者批评指正,意见和建议请发至电子邮箱 834263505@qq. com。如果有好的经典案例希望在再版时编入书中,也请发送至上述邮箱。

编者

2014 年 8 月

编 写 简 介

目前出版的关于3DSMAX的学习用书大致有两种类型:一类是以3DSMAX工具按钮、命令参数的详述性解释为结构主线进行编写,详细介绍软件功能、工具按钮操作等基本方法、各命令面板含义、各编辑器的功能与参数,但缺少工具、命令面板、编辑器的实际综合应用,读者学过之后缺乏3DSMAX工具、面板与命令参数设置的综合应用能力,碰到实际建模时一头雾水,即使倒背如流也无法应用,面对复杂造型高级建模与综合应用束手无策,无法成为应用型的3DSMAX能手;另一类是以纯案例讲解为结构主线进行编写,通过实际案例讲解某些造型的建模方法与操作流程,学过之后读者缺乏系统的基本知识,往往只能依葫芦画瓢,完全不了解工具按钮、命令操作的真正含义,不具备融会贯通的能力,缺乏建模创新能力,碰到一些没有见过的造型与综合应用也是束手无策。因为3DSMAX不但是实践性非常强的软件,同时也是综合应用性非常强的软件,所以上述两类书本都无法满足读者尤其是初学者的学习需求。很多读者学了几本3DSMAX书后,建模能力还是很弱,更无法做到建模创新。

本书抛弃了以传统知识结构或纯案例为主线的编写模式,以教师教学先后顺序为主线,将理论讲解与经典案例相结合,通过家具经典造型案例详解3DSMAX工具按钮与命令参数,使工具按钮、命令参数解说阐述与实际应用技巧融会贯通。理论教学与实例剖析穿插互补进行,在理论教学中运用案例进行工具按钮、命令面板综合应用实践,有利于学习者强化记忆与理解。

作者从事3DSMAX教学十余年,根据多年教学经验优化3DSMAX教学内容先后顺序,对于家具产品与室内设计应用较多的工具、修改器、命令面板进行重点阐述与多案例剖析,对于一般内容或一般讲解或一带而过,在内容安排上以家具建模为主要内容,案例有实木、板式、软体、玻璃钢注塑类,所有案例具有高度的典型代表性。总之,本书编写内容目的明确,针对性与适用性强,内容广度、深度够用,能很好地满足家具与室内设计人员对3DSMAX的应用与操作需要。

3DSMAX2012、3DSMAX2013、3DSMAX2014是目前应用最多的版本,这几个版本的不同主要集中在材质、渲染方面,而在建模界面以及建模功能方面没有突显,所以3DSMAX2012、3DSMAX2013、3DSMAX2014在建模方面基本上是通用的。本书中的建模基本知识与案例主要以3DSMAX2012、3DSMAX2013为基础进行讲解。

目　　录

第1章　3DSMAX 家具造型建模入门基础

1.1　3DSMAX2012 简介

1.1.1　3DSMAX2012 概述及功能

　　3DSMAX 软件系列是 Autodesk 推出的计算机辅助设计软件,广泛应用于产品设计、室内设计、陈列与展示设计、建筑设计、园林设计以及三维动画等艺术设计专业工作,其前身是 3D studio 软件系列。3D studio 是一个基于 DOS 计算机操作系统平台的软件,后来随着计算硬件的发展以及操作平台的不断升级,3DSMAX 软件不断改进完善,从界面、功能、操作流程、渲染、灯光、材质都有了很明显的变化与提升。

　　3DSMAX2012 有 32 位与 64 位操作方式,功能强大、内置工具非常丰富,采用按钮化设计,算法先进,逼真程度超高,通用性强,与其他软件对接容易。

1.1.2　3DSMAX2012 的新功能

　　3DSMAX2012 与 3DSMAX2011 相比有了一些显著的变化,不但界面风格变化显著,而且提供了出色的新技术来创建模型和为模型应用纹理、设置角色动画和生成高质量图像,加快了日常工作的执行速度,显著提高了基本操作、编辑、动画、材质、渲染制作时的工作效率。艺术设计人士因为新技术提高了效率而节省出更多时间用于设计创新,并自由地不断优化作品,以最少的时间提供最高品质的最终输出。如图 1－1 是“铅笔草图”,由一个三维模型组成。

图 1－1　新增渲染模式

Nitrous 视口和 Quicksilver 渲染器提供了新的视觉样式以及真实的渲染。3DSMAX2012 和以前版本相比,在建模界面以及建模功能方面没有显著的变化,主要变化集中在材质编辑以及渲染方面。由于本书篇幅关系,无法一一列出 3DSMAX2012 的新增功能,下面给出了主要新增功能:

◆ Nitrous 加速图形核心   ◆ 向量置换贴图

◆ 通过 Autodesk.com 访问 3DSMAX 帮助   ◆ Iray 渲染器

◆ 改进了启动时间和内存需求量   ◆ 渲染样式上的增多

◆ 功能区界面增强功能   ◆ 单步套件互操作性

◆ 助手改进功能   ◆ MassFX 刚体动力学

◆ Mental ray 升级   ◆ 公用 F - Curve 编辑器

◆ 更新了 Autodesk 材质   ◆ Autodesk Alias 产品的互操作性

◆ Substance 程序纹理   ◆ 增强的 FBX 文件链接

◆ 【Slate 材质编辑器】改进功能   ◆ 场景资源管理器改进功能

◆ UVW 展开修改器增强功能   ◆ 视口画布的改进

◆ 新增 Graphite 建模工具

注意:以上列出了 3DSMAX2012 一些重要的新增功能,但不包括 3DSMAX 中的每项变化。如要查询 3DSMAX2012 以及使用方法,可以通过点击 3DSMAX 帮助,访问 3DSMAX2012 官方网站查询,网站详细解释了 3DSMAX 重要的工具、编辑修改器、命令面板的参数含义、设置与操作要领。有关介绍新程序功能的主题,请检查索引条目"新增功能"。有关现有功能的更改,请检查索引条目"更改的功能"。

1.2　安装 3DSMAX2012

1.2.1　安装 3DSMAX2012 对计算机的要求

3DSMAX2012 对系统配置的建议如下:

◆ CPU:支持 Intel 兼容处理器,中央处理器(CPU),建议大家使用主频 1GHz 以上的 CPU。CPU 主频的高低将决定软件运行的速度,MAX 完全支持多线程处理器,多个 CPU 进行运算可大大提高效率,推荐使用四核处理器系统。同时,MAX 还支持网络渲染,最多可支持 10000 个站点。

◆ 内存:建议将内存配置为 4GB。既可应付大型项目下的缓存需求,也可减轻硬盘的压力。内存的大小对 3DSMAX 系统的运行速度有极大的影响,所以应尽可能地扩大机器的内存。

◆ 硬盘:最好选用 500GB 以上的硬盘,有条件者可用更大、更快的硬盘或使用闪存硬盘。

◆ 显卡:使用好的显卡,MAX 效率会提升数十倍之多,但不建议购买游戏卡,这在专业设计上是没有帮助的,开启辅助渲染后还常会出错。有条件的话,可选择与 Heidi 兼容的双缓冲 3D 图形加速显示卡。

◆ 操作系统:平台为 Microsoft Windows 2000,NT 或 Windows 7 或 Windows 8,

3DSMAX2012 在 Windows 2000 以上平台运行更稳定。

1.2.2　3DSMAX2012 的安装流程

如图 1 - 2 所示,解压 3DSMAX 2012 官方中文版 32 位 - 64 位安装压缩包(光盘直接安装无需解压)。3DSMAX2012 安装包包含 32 位与 64 位两个版本,根据操作系统是 32 位与 64 位选择相应版本(后面讲解均以 32 位为例),点击解压后安装包里的 Setup32. exe 安装执行文件,开始 3DSMAX2012 的安装。

双击 Setup32. exe 图标后,一般计算机会直接安装,但有些计算机显卡不能满足系统对硬件的要求(请对照"安装 3DSMAX2012 对计算机的要求",检查自己的计算机是否满足),可能会出现如图 1 - 3 所示的安装浮动框。

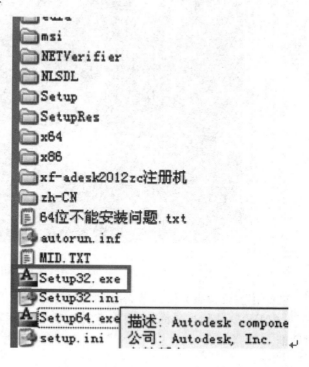

图 1 - 2　安装执行文件

图 1 - 3　安装提示

如果出现图 1 - 3 所示的对话框,不代表一定不能安装。浮动对话框出现图形卡不可读提示后,可直接点击"确定",继续安装初始化,如图 1 - 4 所示。

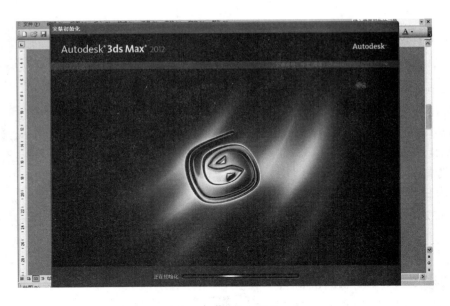

图 1-4　安装初始化

初始化主要检查系统配置,完成后会进入如图1-5所示界面,点击【安装】,然后会看到图1-6所示安装信息界面,主要确定安装要求,这过程很快完成并出现如图1-7所示提示对话框。

图 1-5　点击【安装】提示

在图1-7中选择【我接受】,点击【下一步】按钮,出现图1-8所示安装许可信息界面,输入开发商提供的序列号(例如:666-69696969),还要输入产品密匙(例如:128D1),输入正确后会自动打钩以提示正确,输入无误后,点击【下一步】。

图 1-6　安装信息

图 1-7　安装互动

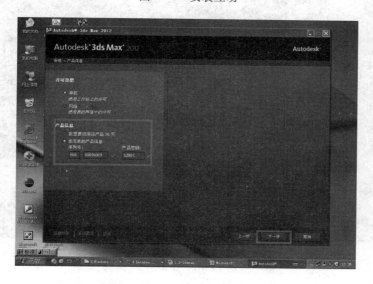

图 1-8　安装产品信息输入

出现图 1 - 9 所示安装路径设置界面,一般路径选默认路径即可,当然也可以自己确定安装路径位置。确认安装路径后,点击【安装】按钮,安装开始,出现如图 1 - 10 所示安装进度界面。安装过程需要一段时间,时间长短要看个人电脑配置。

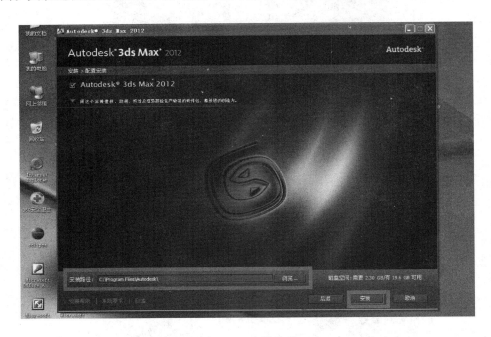

图 1 - 9　安装路径

图 1 - 10　安装进度

在如图 1 - 11 所示界面点击【完成】,完成 3DSMAX2012 安装流程。

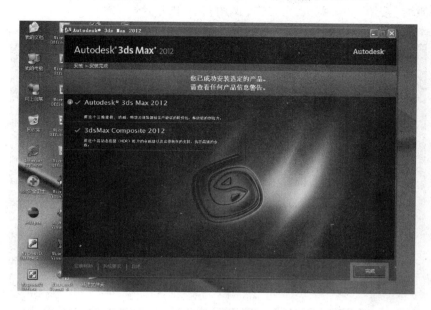

图 1 - 11　安装完成

1.3　激活 3DSMAX2012

3DSMAX2012 安装完成后须激活成功方可使用,具体激活流程如下:

启动 3DSMAX2012 产品,如图 1 - 12 点击桌面 Autodesk 3ds Max 2012 32 - bit 快捷图标启动 3DSMAX2012 程序,出现如图 1 - 13 所示初始化界面。

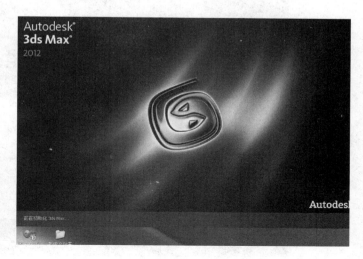

图 1 - 12　启动　　　　　　　　　　　　　　　图 1 - 13　启动画面

启动后,3DSMAX 开始运行,但不能直接工作,需要激活,出现如图 1－14 所示许可界面。点击【激活】按钮(如不购买,可点击【试用】,试用期非常有限)。

图 1－14　启动激活

在图 1－15 中按图选择复选框并单击【继续】,弹出产品注册与激活对话框,如出现图1－16所示框内提示,则代表产品序列错误,点击【关闭】,弹出如图 1－17 所示提示,点击【确定】。

图 1－15　保护提示与继续

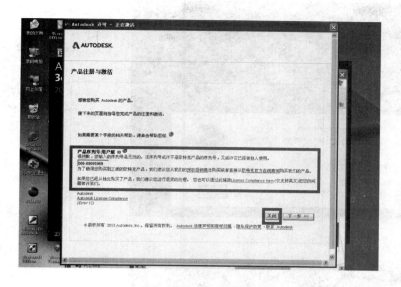

图 1-16　错误画面　　　　　　　　　　　　　　　图 1-17　注册情况

关闭全部对话框,如图 1-18 所示。点击菜单:【开始】/【所有程序】/【Autodesk】/【Autodesk 3ds Max 2012 32-bit - Simplified Chinese】,在如图 1-19 所示界面中点击【激活】,在后续如图 1-20 所示界面中勾选【我已阅读……】,点击【继续】。出现如图 1-21 所示产品激活选项对话框,请先找到运行注册机(Win7 系统右键——以管理员身份运行)文件夹,双击解压安装包或光盘,在打开的文件安装列表中双击如图 1-22 所示"xf-adesk2012zc 注册机"文件夹。

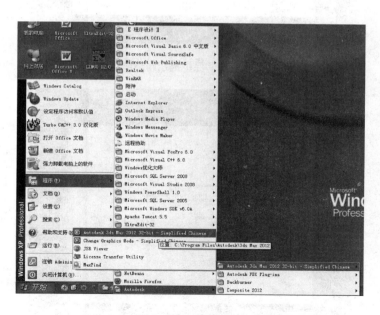

图 1-18　菜单启动

图 1-19　激活

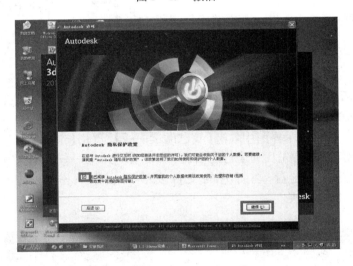

图 1-20　保护提示与继续

图 1-21　要求输入序列号

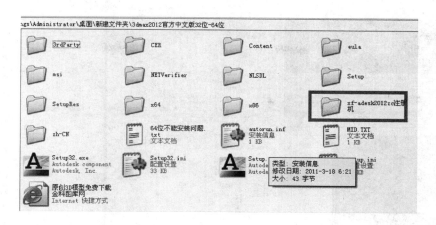

图 1 - 22　打开序列号生成文件夹

　　找到 xf - adesk2012x32. exe 双击运行注册机,如图 1 - 23 所示操作方法,按 Ctrl + C 将申请号从激活界面复制粘贴到注册机的【Request】栏中,点击【Mem　Patch】,出现【succeed Pade】字样表示成功,点击【确定】后再点击【Generate】生成激活码。这时界面变成如图 1 - 24 所示,激活码在注册机中已经自动随机产生,将光标置于刚生成激活码的【Request】框中双击,然后按组合键 Ctrl + C,复制激活码。

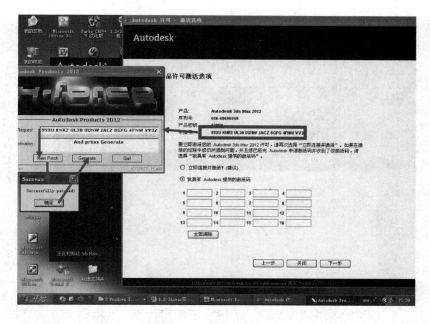

图 1 - 23　生成激活码

　　如图 1 - 24 所示,将光标置于【我具有 Autodesk 提供的激活码】的第一个输入框中,按组合键 Ctrl + V,这样注册码就粘贴到了【我具有 Autodesk 提供的激活码】栏中,点击【下一步】,完成激活。

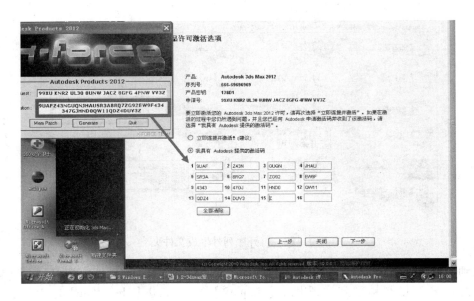

图 1-24　输入激活码

如图 1-25 所示,点击【完成】,这样就激活完成,出现如图 1-26 所示的对话框,单击【确定】即可正常使用 3DSMAX2012 软件。

图 1-25　成功激活

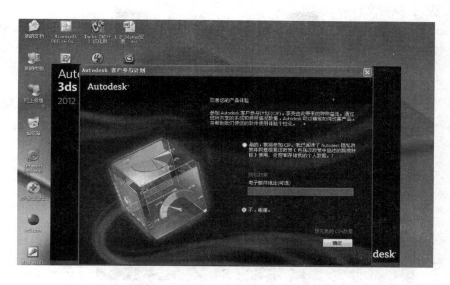

图 1 - 26 启动 MAX

注意:有些防毒、杀毒软件会提示病毒风险且会将注册机当病毒防杀,所以在使用时最好先把防毒杀毒软件暂时关闭,等注册激活成功后再开启。同时要注意注册机也有 32 位与 64 位之分。

1.4 启动 3DSMAX2012

3DSMAX 软件启动通常有三种方法:

◆ 方法一:快捷键启动

● 鼠标左键单击桌面图标 ,按回车键。

● 鼠标双击桌面图标 。

● 鼠标右键点击桌面图标 ,在弹出菜单中选择【打开(o)】 **打开**(O) 。

◆ 方法二:【开始】菜单启动

鼠标单击桌面菜单 开始 ,在弹出的菜单中选择:【所有程序】/【Autodesk】/【Autodesk 3DSMAX 2012 32 – bit – Simplified Chinese】/【Autodesk 3DSMAX 2012 32 – bit – Simplified Chinese】,如图 1 - 27 所示。

图 1 - 27 菜单启动

◆ 方法三:执行文件启动

在 max 文件所在的位置直接双击 3dsmax. exe 文件,就可以直接运行 3DSMAX 软件。这种方法比较繁琐,不建议使用。启动后会出现如图 1 - 28 所示工作界面。

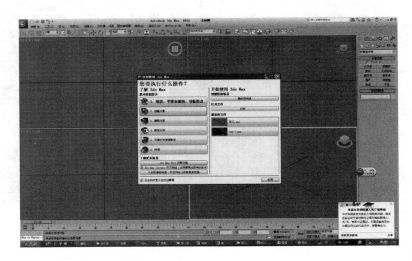

图 1 - 28   启动选择

1. 5   关闭 3DSMAX2012

不需要运行 3DSMAX2012 时就要关闭软件,这与微软操作系统平台其他软件的操作一样,有三种方法:

◆ 方法一:单击 3DSMAX2012 界面窗口右上角的 ✕ 关闭按钮。

◆ 方法二:单击 3DSMAX2012 界面窗口左上角的 图标按钮,在菜单中选择【退出 3DSMAX】按钮,如图 1 - 29 所示。

◆ 方法三:按组合键【Alt】+【F4】。

1. 6   3DSMAX2012 界面

1. 6. 1   3DSMAX2012 界面形态

本软件由美国 Autodesk 公司开发,启动后一般是英文界面,考虑到大部分人的思维习惯,为了学习方便,在编写本书时,我们使用了汉化界面的 3DSMAX 版本。启动 3DSMAX2012 后,呈现如图 1 - 30 所示界面。

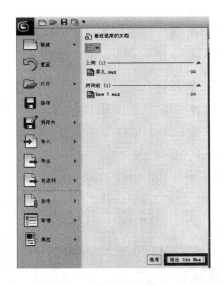

图 1 - 29   关闭与退出

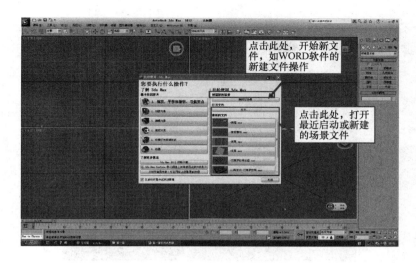

图 1 – 30　启动界面

◆ 点击 新的空场景 ，开始新建 MAX 新文件，

新场景为默认场景，基本绘图环境为默认基本绘图环境，如图 1 – 31 所示。

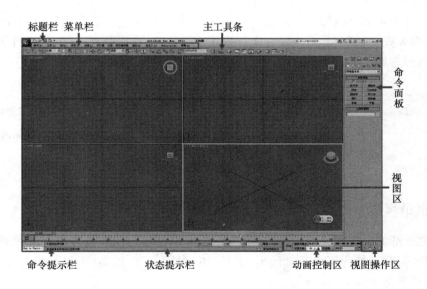

图 1 – 31　工作界面

◆ 点击 打开 ... ，可以从存储盘中打开过去保存的 MAX 文件，需要找到 MAX

文件位置，打开需要打开的文件。

◆ 点击 最近的文件 列表文件，如图 1 – 32 所示，列出了 MAX 系统最近编辑过的

场景文件列表，点击场景文件列表中的任意文件将打开该 MAX 场景文件。

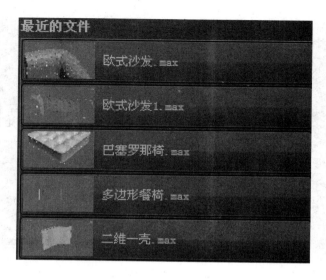

图 1-32　最近文件列表

1.6.2　标题栏

标题栏位于 MAX 软件最顶端,最左边是软件图标,单击它可以弹出【文件】菜单,可进行保存、另存为等操作,紧随其后有一些文件操作快捷按钮,在标题栏中部,是文件名与软件名称。标题栏形态如图 1-33 所示。

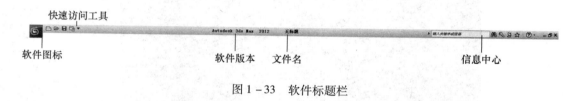

图 1-33　软件标题栏

1.6.3　菜单栏

标题栏下部的一行叫菜单栏,与标准 Windows 平台运行的其他软件的菜单模式与使用方法基本相同,菜单栏为用户提供编辑、工具、组、视图管理、渲染、布局与偏好设置、物体创建的接口,其形态如图 1-34 所示。

图 1-34　菜单栏

1.6.4　工具栏

和其他较高的 3DSMAX 版本一样,工具栏分为主工具栏和浮动工具栏,工具栏是把经常应用到的命令以按钮的形式集合成行,是应用程序中最简单方便的一种方式。

标准 3DSMAX 布局的菜单栏下面有一行工具按钮,称为【主工具栏】,为操作常用命令提供直接方便快捷的操作方式,大部分工具按钮操作在菜单栏中有相应的命令,但是相比菜单栏命令,工具栏操作起来快速高效,更加好用,这是 3DSMAX 初学者最常用的操作方式,其显示的全部工具形态如图 1 - 35 所示。

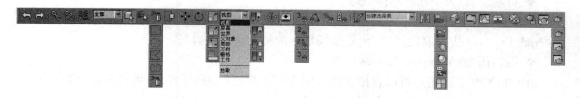

图 1 - 35　主工具栏

图 1 - 35 所示主工具栏的命令工具有物体选择、变换、坐标系切换、捕捉、材质、渲染等,但是为了布局规范整齐,工具栏上的工具不可能全部显示,有些同类同操作性质的工具按钮有其他复选按钮,须将光标移动到该按钮处并按下鼠标左键不松开情况下,会弹出其他按钮,移动到需要的复选按钮上,该按钮就会变黄色显示,松开左键即选择该按钮,通过这种方式也可进行复选按钮之间的切换。

1.6.5　石墨(Graphite)建模工具

3DSMAX2012 把多边形建模工具提升到全新层级,提供至少有 100 种新的工具,可以让设计师自由地设计和制作复杂的多边形模型。Graphite Modeling Tools 会显示在画面中央,以便用户更容易地找到所需要的工具。此外,用户可以自定义工具显示或隐藏命令面板,在专家模式下建模。除了建模与贴图工具外,Graphite 还比它的前身有更多的功能,石墨工具包括一些全新的工具,如图 1 - 36 所示。

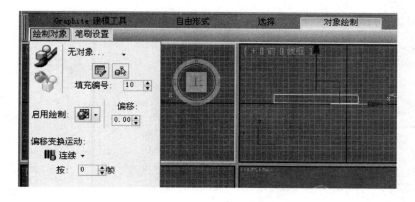

图 1 - 36　多边形编辑工具

具体包括:
◆ 用各种笔刷做雕塑快速重新拓普(re - topologizing)
◆ 颗粒的多边形编辑(Granular polygon)
◆ 将 transforms 锁定到任意表面

17

◆ 自由产生顶点

◆ 智慧选取

◆ 快速产生表面与形状

◆ 快速 transformations

◆ 材质总管（Material Explorer）

用户可以快速浏览场景中的所有材质，并查看材质的属性与关联性。用户可以透过 Material Explorer 快速取代材质，使复杂场景中的材质管理更容易。

◆ 视口画布（Viewport Canvas）

3DSMAX2012 让用户可以直接在视口中 3D 模型上绘制贴图纹理，可用笔刷、混合模式、填色、橡皮擦等工具来产生贴图，还可以与其他软件做连动更新贴图。

第 2 章　3DSMAX 家具造型建模基础

2.1　主工具栏工具详解与操作

◆ 【撤销】(Undo):很多软件都有这一按钮,操作模式与效果都是取消上一次的操作,与执行菜单中的【编辑/撤销(U)】一样,快捷键是 Ctrl + Z。

◆ 【重做】(Redo):很多软件也有这一按钮,操作模式与效果都是取消上一次执行的【撤销】(Undo)命令结果,与执行菜单中的【编辑/重做(R)】命令一样,快捷键是 Ctrl + R。

◆ 【选择并链接】:将当前选择的对象链接到其他对象上,操作流程如下:

(1)单击 3DSMAX2012 中文版主工具栏上的 【选择并链接】按钮,在视图窗口中单击茶壶,然后按住鼠标左键拖动鼠标,此时鼠标由茶壶拉出一条虚线(见图 2 - 1),将鼠标拖到圆环上,松开鼠标左键,当球体高亮闪一下时,表示链接完成,如图 2 - 2 所示。

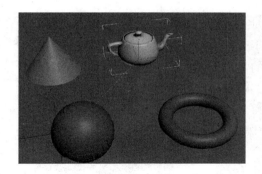

图 2 - 1　链接操作

图 2 - 2　链接完成

(2)链接完成后球和茶壶之间就形成了父与子的关系,球为父,茶壶为子,点击 【选择并移动】按钮,在视图窗口单击圆环,按住鼠标左键移动圆环,此时可见移动球(父)时,茶壶(子)一起移动。而移动茶壶(子)时,球(父)没有变动,如图 2 - 2 所示。

(3)单击 3DSMAX 中文版主工具栏上的 【选择并链接】按钮,在视图窗口中单击茶壶拖动链接到球上;继续单击拖动圆锥链接到球上,然后再单击拖动球到圆环上,此时它们的父子链接关系如图 2 - 3 所示。

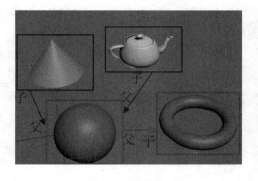

图 2 - 3　链接关系

◆ 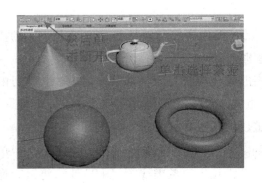【断开当前选择链接】:【断开当前选择链接】功能与【选择并链接】按钮的功能正好相反,解除链接的时候首先在视图窗口选择被链接的对象,然后在主工具栏中单击【断开当前选择链接】按钮即可。此时,如图2-4所示,再移动球(父)时,只有圆锥(子)跟着一起移动,而茶壶已经和球(父)断开了链接,不会再跟随移动。可用同样的方法解除其他对象的链接。可按图2-4查看对象的链接关系;多个对象同时解除链接如图2-5所示。

图2-4　链接关系断开

图2-5　多个对象同时解除链接

◆ 【绑定到空间扭曲】:制作粒子动画时经常用到这个按钮,它的功能是将粒子系统,如【粒子云】、【超级喷射】等对象绑定到空间对象,从而使用空间对象的参数控制粒子系统的变换。下面通过一个爆炸效果详细了解和介绍【绑定到空间扭曲】按钮操作流程:

(1)单击选择【创建】 ,在几何体列表中单击【球体】,在视图窗口创建一个球体。

(2)选择【创建】 — 【空间扭曲】—单击

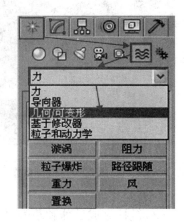

图2-6　空间扭曲面板

力 ,从弹出的下拉菜单中选择【几何/可变形】,如图2-6所示。

(3)选择【爆炸】,在视图窗口单击鼠标,创建一个虚拟炸弹—【爆炸】,用于产生 3DSMAX 动画效果,如图2-7所示。

(4)点击主工具栏【绑定到空间扭曲】 按钮,目的是将虚拟炸弹和球体进行绑定,当对虚拟物体设置动画效果时,球体也随即产生动画效果。选择虚拟【爆炸】物体,将鼠标置于其上再按住左键拖动到球体上,松开左键,球体就被绑定爆炸。如图2-8所示。

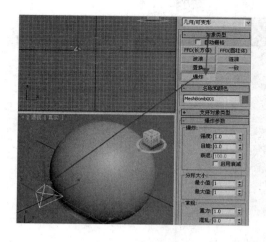

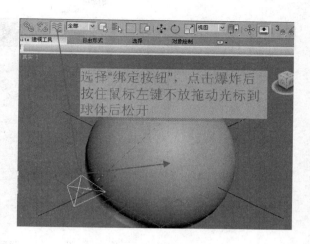

图 2-7　创建【爆炸】　　　　　　　　　　　　图 2-8　绑定【爆炸】

（5）修改【爆炸】参数，见图 2-9，点击【播放】 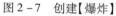 可观察爆炸动画，如图 2-10 所示。

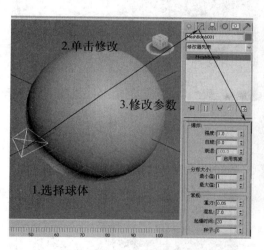

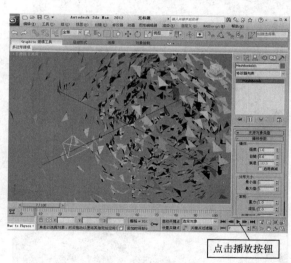

图 2-9　【爆炸】参数　　　　　　　　　　　　图 2-10　【爆炸】动画

◆ 全部 【选择过滤器】：系统为了方便用户进行选择，在【选择过滤器】下拉列表框中设置了多种选择过滤对象的方式，分别是【全部】、【几何体】、【图形】、【灯光】、【摄影机】、【辅助对象】、【扭曲】、【组合】、【骨骼】、【IK 链对象】等，如图 2-11 所示。

　　场景里长方体、球体、圆柱体、圆锥体、茶壶等在 3DSMAX 系统属于几何体，如图 2-12 所示；场景里矩形、正多边形、圆形、线在 3DSMAX 系统属于图形，如图 2-13 所示；图 2-14 场景里有摄影机；图 2-15 场景里除了球体外还有灯光。

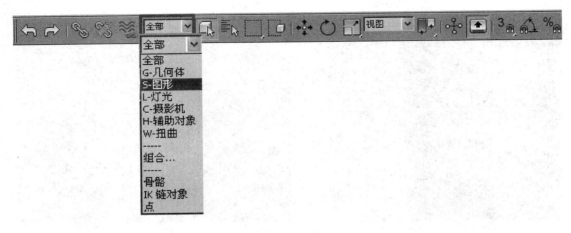

图 2 – 11　选择过滤器

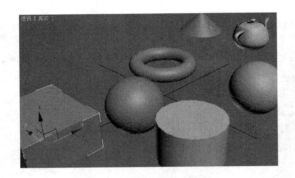

图 2 – 12　几何体

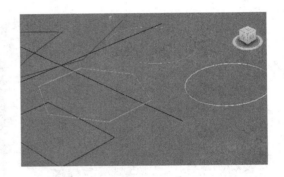

图 2 – 13　图形

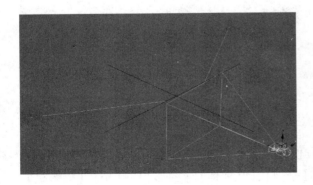

图 2 – 14　摄影机

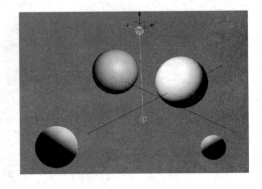

图 2 – 15　灯光

　　如只想选择几何体一类,在主工具栏【选择过滤器】下拉列表中选择【G – 几何体】,如图 2 – 16 所示。

图 2 - 16　过滤【几何体】

此时,对视图窗口中的对象进行移动,会发现只有几何体能被选择并执行移动操作,而不能对其他对象进行选择和任何操作,这样,用户可以更加方便地选择属性相同的一类对象进行操作。

◆ 🖱【选择对象】:形态如图 2 - 17 所示,在任意视图窗口中将光标移到要选择的对象上,光标变成小十字光标,单击选择该对象,选定的对象线框变成白色。在选定对象的边框角处显示白色的边框,如图 2 - 18 和图 2 - 19 所示。

图 2 - 17　选择工具按钮

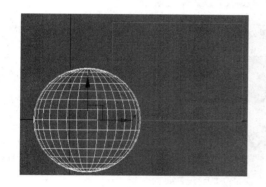

图 2 - 18　被选对象白色线框显示

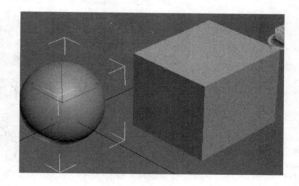

图 2 - 19　被选对象显示外框

● 按住【Ctrl】键同时单击视图中对象,可以同时选择多个对象;按住【Ctrl】键同时在视图中按住鼠标左键拖出矩形框,可以同时加选多个对象。

● 按住【Alt】键同时单击视图中已选择的对象,可以减去一个选择的对象;按住【Alt】键同时在视图中按住鼠标左键拖出矩形框,可以同时减去多个对象。

◆ 📋【按名称选择】:通过物体名称来选择指定物体,快捷键 H,这种方式快捷准确。在物体繁多的复杂场景中,对象在视窗中存在重叠与遮挡现象,直接单击或框选指定物体会变得相对困难,通过物体名称来选择指定物体,在复杂场景中操作时必不可少。单击主工具栏【按名称选择】按钮后,系统将弹出【从场景选择】对话框。通过物体名称来指定选择,物体的名称要名副其实,便于在选择框中选择时识别,图 2 - 20 所示为【按名称选择】按钮。

图 2 – 20　按名称选择按钮

在如图 2 – 21 所示场景文件中,单击选择主工具栏【按名称选择】按钮或按快捷键 H,弹出【从场景选择】对话框,如图 2 – 22 所示;显示了场景中所有对象名称及类型;名称选择框提供了灵活多样的选择控制方法,包括选择类型过滤、组的选择等,还可以显示出层级链接物体的父子关系。

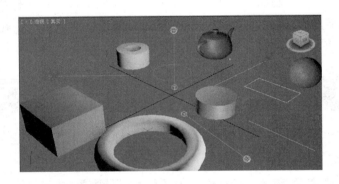

图 2 – 21　场景对象

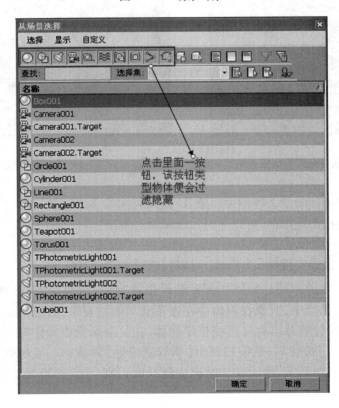

图 2 – 22　【按名称选择】对话框

◆ 【选择区域】:如图 2 – 23 所示,单击工具栏中的【选择区域】按钮,按住鼠标不松手,将弹出 5 种形状的选择区域,如图 2 – 24 所示。5 种选择区域形式分别是:矩形、圆形、围栏、套索、绘制区域形式。

图 2 – 23　框选模式切换按钮

图 2 – 24　选择模式

◆ 矩形选择区域操作:单击工具栏中的按钮,按住鼠标左键在视图中拖拽鼠标,拖出一个矩形虚线框,框选要选择的对象,松开鼠标,框选对象被选择,如图 2 – 25 所示。其他选框如圆不再列举。

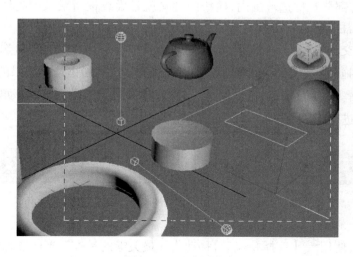

图 2 – 25　矩形选择

◆ 【窗口/交叉】按钮:对象窗口选择方式与交叉选择方式之间切换,如图 2 - 26 所示。

图 2 - 26 【窗口/交叉】按钮

● 【窗口选择】按钮:当使用框选方式时,只有完全被包含在虚线框内的物体被选择,部分在虚线框内的物体将不被选择。松开鼠标左键,可以看出,当【窗口选择】按钮激活时,物体需完全处于框选区域内时才能被选中,如图 2 - 27 和图 2 - 28 所示。

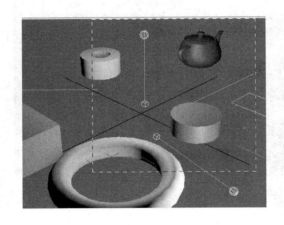

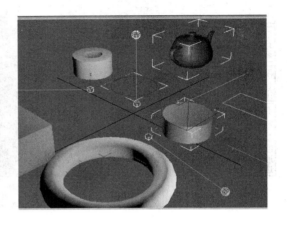

图 2 - 27 【窗口选择】模式   图 2 - 28 选择结果

● 【交叉选择】按钮:当使用【交叉选择】框选方式时,虚线框所涉及的所有物体都被选择,即使它只有部分在框选范围内,横跨的含义就是虚线框所触及的物体(包括包含在内的)都会被选择(注意观察部分在虚线框内的物体)。

上述【窗口/交叉】选择操作区别,请在同一场景中分别选择 【窗口选择】与 【交叉选择】,在视图中拖动不同的矩形框选择,仔细观察两者之间物体选择结果的区别。

◆ 【选择并移动】按钮:快捷键 W,选择物体并进行移动操作,移动时根据定义的坐标系和坐标轴向进行,其形态如图 2 - 29 所示。

图 2 - 29 【选择并移动】按钮

对于初学者,使用 【选择并移动】移动物体最关键的是查看光标形态以及坐标轴颜色的变化,当光标在所选物体外面时,光标显示的是箭头形式,如果放在中央的轴平面上,轴平面会变成黄色,拖动可自由多方向移动物体。

光标在物体外为箭头形态,此时按住鼠标左键不能移动物体只能取消物体选择,如图2-30所示。

当光标在物体上时,光标变成十字双箭头形式,当光标放在坐标轴上时,该坐标轴会变成黄色(此处黑色显示),如图2-31所示。

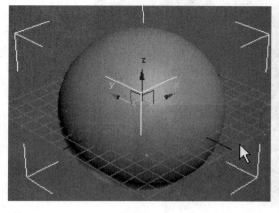

图2-30　【选择并移动】坐标　　　　　　　　图2-31　【选择并移动】坐标约束

当光标在物体的坐标轴上并变成黄色时,按住鼠标左键,拖动鼠标,被选择物体会沿着约束的黄色坐标轴向上进行平移(见图2-32),达到指定位置时松开鼠标,物体就会停在松开鼠标的位置上,如图2-33所示。

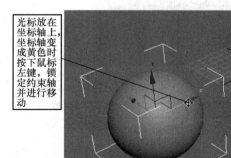
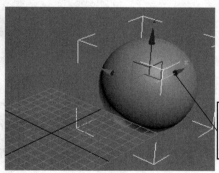

图2-32　约束移动对象　　　　　　　　　　图2-33　移动对象

激活【选择并移动】![icon]并选择物体,然后将光标置于【选择并移动】![icon]上,单击鼠标右键,弹出【移动变换输入】对话框,可以通过数值输入来改变物体的位置,如图2-34所示。

如图2-35和图2-36所示,激活主工具栏![icon]【选择并移动】,把光标放在当前物体(即被选物体)的坐标轴上,按住 Shift 不放,同时按下鼠标左键移动鼠标,这时会复制出一个物

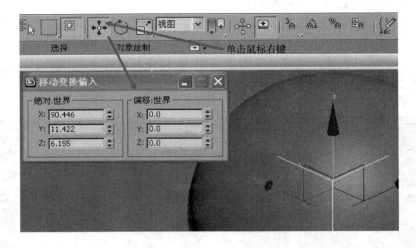

图 2 - 34 【移动变换】对话框

体并随鼠标移动,在适当的位置同时松开 Shift 与鼠标左键会弹出【克隆选项】对话框;输入副本数,代表对象复制数目,结果如图 2 - 37 所示。

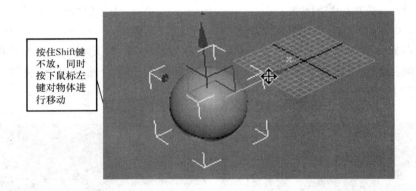

图 2 - 35 复制对象

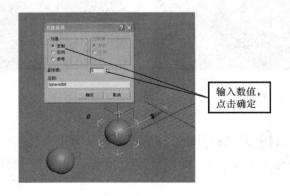

图 2 - 36 复制参数设定

图 2 - 37　复制结果

◆ 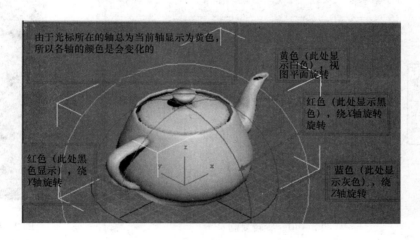【选择并旋转】:选择物体并进行旋转操作,旋转时根据定义的坐标系和坐标轴向进行。

单击主工具栏【选择并旋转】按钮,选择物体并进行旋转操作,旋转时根据定义的坐标系和坐标轴向进行,如图 2 - 38 所示。

图 2 - 38　旋转轴

激活【选择并旋转】按钮,将光标移到物体上,出现旋转坐标系,当所在物体的坐标轴变成黄色时,按住鼠标左键,拖动鼠标,物体就会发生旋转运动。

当有物体处于被选择状态(见图 2 - 39)时,在【选择并旋转】按钮上单击鼠标右键,可以调出【旋转变换输入】对话框,通过输入数值使物体产生旋转运动。

激活主工具栏【选择并旋转】(见图 2 - 40),把光标放在 A 物体(即被选物体)的坐

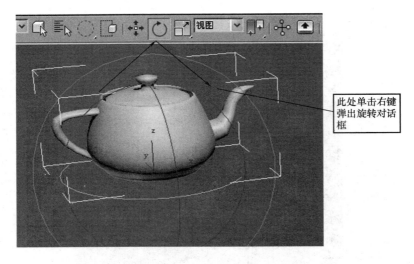

图 2 - 39 调用【旋转】对话框

标系黄色圆圈上,Z 轴字标变成彩色字母代表激活,非激活轴为灰色字标,按住 Shift 键不放,同时按下鼠标左键使物体进行旋转,这时会复制出一个随鼠标移动的 B 物体,在适当的位置同时松开 Shift 键和鼠标左键,会出现【克隆选项】对话框,输入副本数(代表对象复制数目),结果如图 2 -41 所示。此处颜色均黑白显示。

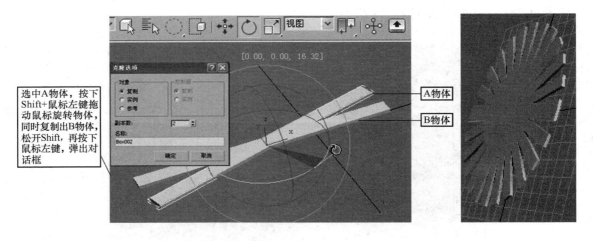

图 2 - 40 旋转复制　　　　　　　　　　　　　　　　图 2 - 41 复制效果

提示:拖动单个轴向,进行单方向上的旋转,红(黄)、绿、蓝三种颜色分别对应 X、Y、Z 三个轴向,当前操纵的轴向会显示为黄色。

◆ 【选择并等比缩放】按钮:在三个轴向上等比例缩放,只改变大小不改变形状,因此约束坐标轴对它不起作用,请在操作时观察光标的变化。

◆ 【选择并非均匀缩放】按钮:在指定轴上进行非等比缩放,物体体积和形状都发生变化。

◆ 🔲【选择并挤压】按钮:在指定轴上进行挤压变形,物体体积不变而形状发生变化。

以上三个缩放按钮单击鼠标右键均可以输入数据进行缩放,和【选择并旋转】、【选择并移动】按钮一样,配合使用 Shift 键进行缩放复制,这里不再详细介绍。

◆ 视图 ▼ 【参考坐标系】:使用【参考坐标系】下拉列表框可以指定变换(移动、旋转和缩放)所用的坐标系。下拉列表框中的选项分别是【视图】、【屏幕】、【世界】、【父对象】、【局部】、【万向】、【栅格】、【工作】、【拾取】。在【屏幕】坐标系中,所有视图(包括透视视图)都使用视图屏幕坐标。

● 视图坐标系:所有正交视图(顶视图、前视图和左视图)的 X 轴始终朝右,Y 轴始终朝上,Z 轴始终垂直于屏幕指向用户,而透视图使用世界坐标系。

● 屏幕坐标系:在所有视图中都使用同样的坐标轴向,即 X 轴为水平方向,Y 轴为垂直方向,Z 轴为景深方向。

● 世界坐标系:从前视图看,X 轴正向朝右,Z 轴正向朝上,Y 轴正向指向背离用户的方向。在顶视图中 X 轴正向朝右,Z 轴正向朝向用户,Y 轴正向朝上。3DSMAX2012 世界坐标系始终固定。

● 局部坐标系:用对象自身的坐标系作为坐标系统,物体旋转,坐标轴跟随物体旋转。

● 父对象坐标系:使用选定对象的父对象的坐标系。如果对象未链接至特定对象,则其为世界坐标系,其父坐标系与世界坐标系相同。图 2-42 和图 2-43 是一组有链接关系的对象,大长方体为小长方体的父对象,使用父对象坐标系后,选中小长方体,此时小长方体使用大长方体的坐标系。移动小长方体时其会沿着大长方体坐标滑动。

图 2-42　选用视图坐标的坐标轴向情况　　　　图 2-43　链接大长方体后选用父对象轴向

● 万向坐标系:它与局部坐标系类似,但其 3 个旋转轴不一定互相之间成直角。对于移动和缩放变换,万向坐标与父对象坐标相同。如果没有为对象指定"Euler XYZ 旋转"控制器,则万向坐标系的旋转与父对象坐标系的旋转方式相同。

3DSMAX2012 技巧提示:使用局部和父对象坐标系围绕一个轴旋转时,用户操作将会更改两个或 3 个"Euler XYZ 旋转"轨迹,而万向坐标系可避免这个问题:围绕一个 Euler XYZ 旋转轴旋转仅更改轴的轨迹,这使得功能曲线的编辑工作变得轻松。另外,利用万向坐标的绝对变换输入会将相同的 Euler 角度值用作动画轨迹。

● 栅格坐标系:与视图窗口中的栅格类似,用户可以设置它的长度、宽度和间距。执行菜单【创建】/【辅助对象】/【栅格】命令后就可以像创建其他物体那样在视图窗口中创建一个栅格对象,选择栅格右键单击,从弹出的菜单选择"激活栅格";当用户选择栅格坐标系统后,创建的对象将使用与栅格对象相同的坐标系统。就是说,栅格对象的空间位置确定了当前创建物体的坐标系。

● 工作坐标系:使用用户自定义的坐标系。用户创建对象后,系统会自动给对象添加一个坐标系,同时用户根据需要可以更改系统默认坐标系。操作流程为首先确认物体处于被选择状态,单击 📐【层次】面板,然后再点击 ▢ 轴 ▢ ,在【工作轴】栏下,点击【编辑工作轴】,再回到绘图区域更改坐标系,如图 2－44 所示。

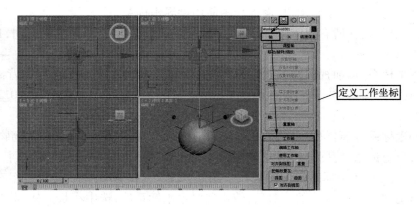

图 2－44 创建工作坐标系

● 指定坐标系:通过点击场景中任意对象,将选中对象的坐标系作为当前坐标系,其他物体的变换操作均使用此坐标系。这样选中对象的变换中心将自动移动到拾取的对象上。同时被单击对象的名称将显示在"变换坐标系"列表中,系统将保存 4 个最近拾取的对象名称,如图 2－45 所示。

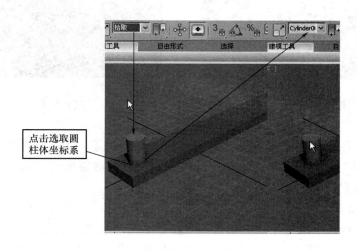

图 2－45 拾取坐标系与指定坐标系

◆ 【使用轴点中心】:无论一个物体还是几个物体,每个物体都使用被选择物体各自的坐标系作为当前的变换坐标系。

◆ 【使用选择中心】:无论一个物体还是几个物体,每个物体都使用所选物体集的中心点坐标系作为公共变换坐标系。

在场景中选择四个对象,点取 按钮,全选四个物体,选取 【使用轴点中心】,对四个物体进行旋转操作,可以看到每个物体都使用选择物体各自的坐标轴进行旋转,如图 2 – 46 所示。若选择后点取 【使用选择中心】,每个物体都使用所选择物体集的中心点坐标系作为公共变换坐标,如图 2 – 47 所示。

图 2 – 46　【使用轴点中心】　　　　　　　　图 2 – 47　【使用选择中心】

◆ 【使用变换坐标中心】:使用当前坐标系的轴心作为被选物体变换坐标,图 2 – 48 就是【使用变换坐标中心】让长方体以圆柱体坐标系 Z 轴为旋转轴旋转。

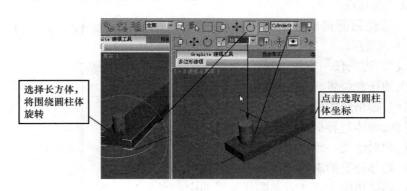

图 2 – 48　操作【使用变换坐标中心】

在主工具栏中按住 【捕捉开关】按钮不放,停留片刻后系统将弹出隐含的 【2D 捕捉】按钮和 【2.5D 捕捉】按钮,如图 2 – 49 所示。

◆ 【2D 捕捉】:只适用于在启动网格上进行对象捕捉,一般忽略其在高度方向上的捕捉。在日常操作中,经常用于平面图形的捕捉。

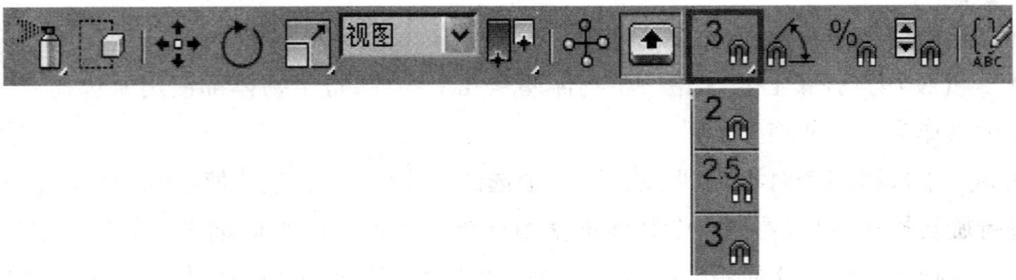

图 2－49 【捕捉】按钮

◆ 【2. 5D 捕捉】：不但可以捕捉到当前平面上的点与线，还可以捕捉到各个顶点与边界在某一个平面上的投影，它适用于勾勒三维对象的轮廓。

◆ 【3D 捕捉】：可以在三维空间中捕捉到相应类型的对象，可直接捕捉到视图窗口中的任何几何体。

◆【栅格和捕捉设置】中的【捕捉】：在【捕捉开关】按钮上单击右键，弹出对话框，切换到【捕捉】选项卡，其中有 12 个捕捉项，如图 2－50 所示，可以根据需要进行选择。

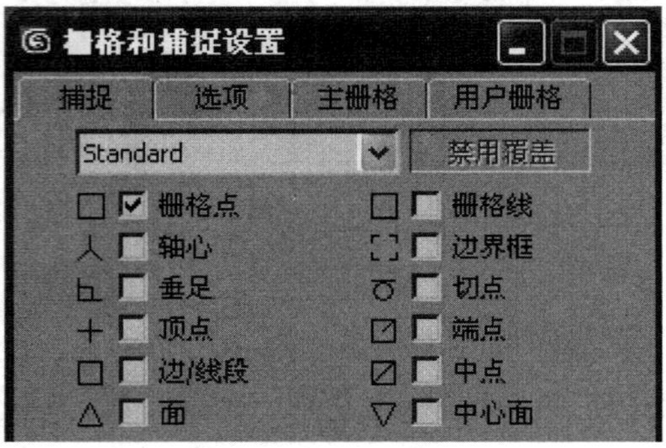

图 2－50 【栅格和捕捉设置】对话框

● 栅格点：栅格的交点。

● 轴点：物体的轴心点。

● 垂足：相对于上一个顶点位置的正角位置，类似于垂直点。

● 顶点：捕捉到网格物体或者可以转换为网格物体的顶点。

● 边/线段：边的任何位置，包括不可见的边。

● 面：面的任意位置，但是不包括背面。

● 栅格线：栅格线的任意位置。

● 边界框：物体边界框 8 个角中的任意一个。

● 切点：相对于上一顶点捕捉到曲线的切线点。

● 端点：物体边上的末端顶点或者曲线顶点。

● 中点：物体边的中点或者是曲线片段的中心点。

● 中心面：三角面的中心。

◆【栅格和捕捉设置】中的【选项】：在【选项】卡中，可以在【标记】组合框中对捕捉记号的大小进行设置，也可以改变其颜色，如图 2－51 所示。

● 捕捉半径：离鼠标点指定(20 像素)范围内的点能捕捉到。

● 角度：进行旋转变换操作时自动进行角度捕捉，每次旋转角度只能是所设置角度参数的倍数。

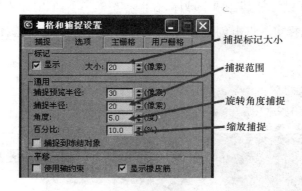

图 2 - 51　【栅格与捕捉设置】对话框

● 百分比:进行缩放变换操作时自动进行角度捕捉,每次缩放量只能是所设置百分比参数的倍数。

◆ 【微调器捕捉切换】:开启或关闭数值微调开关,在微调 单击右键,弹出【微调器】参数设置框。其中,精度为 1 即小数点后 1 位数;捕捉为 10 即每点击一次增加或减少 10,图 2 - 52 为微调器参数设置方法示意图。

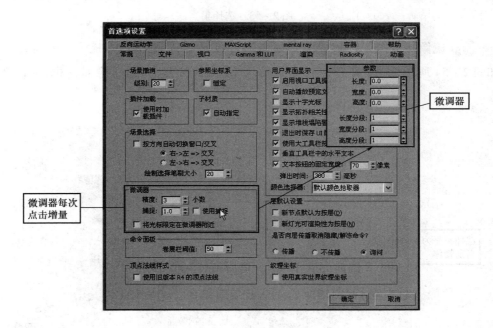

图 2 - 52　【首选项设置】对话框

◆ 【创建选择集】:一次选择几个物体后,在 框中输入选择集名称,按回车,便可以创建选择集;创建多个选择集后,可以点击下拉式按钮弹出选择集,选择所需要选择的选择集。如图 2 - 53 所示,在视图中选择所有的圆柱体对象,在主工具栏【创建选择集】框中输入选择集名称,如输入"圆柱体",按回车键确认创建。选择场景中一个球体,按住 Ctrl 键添加其他两个球体,在 创建选择集 框中输入"球体",按回车键确认则创建了"球体"选择集。点击创建选择集左边的 【编辑命名选择器】,可以编辑场景中的全部选择集。

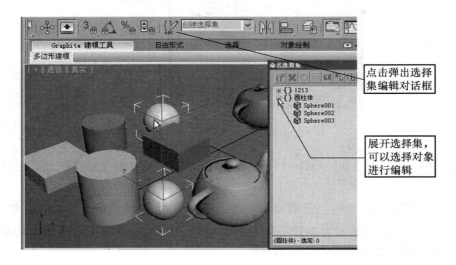

图 2 – 53　选择集

◆ 【镜像】:对一个物体或多个物体进行镜像复制,模拟现实镜子。创建并选择对象,如图 2 – 54 所示,然后单击主工具栏中 【镜像】按钮,弹出镜像对话框,如图 2 – 55 所示。

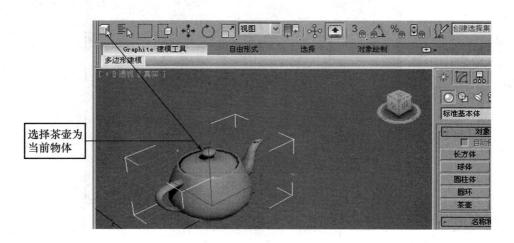

图 2 – 54　选择镜像对象

● 镜像轴:镜像的轴或者平面。
● 偏移:原物体与镜像的距离,一般指原物体与镜像体各自坐标系坐标原点的距离。
● 克隆当前选择:设置对象是否复制以及复制的方式。

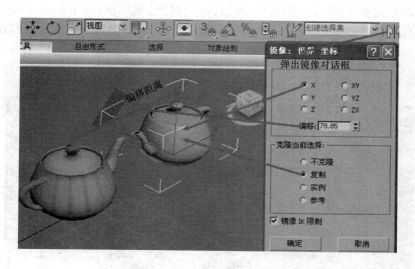

图 2-55　【镜像】对话框

注：以 CAD 镜像轴的方式难以理解 MAX 镜像轴，笔者认为 MAX 镜像轴是原物体与镜像体对应点之间的连线，平行于 X 轴或 Y 轴或 Z 轴。图 2-55 所示是以 X 轴为例，请练习其他轴。

◆ 【法线对齐】：让一个物体的指定面与另一个物体的某个面在同一个平面上，也就是说让两个物体不同的面重合，这对于建模时物体定位非常有帮助，现以图 2-56 和图 2-57 为例来说明【法线对齐】工具。

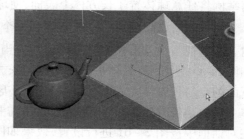

图 2-56　创建物体

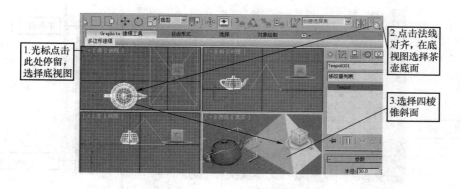

图 2-57　【法线对齐】操作

如图 2-57 所示，在顶视图中创建茶壶与四棱锥。选择茶壶，点击主工具栏【法线对齐】按钮，将鼠标指针移至底视图茶壶上（切换底视图方法请参照第 2 章 2.3.1），单击茶壶，再将鼠标指针移到透视图,单击四棱锥,弹出【法线对齐】对话框,点击确定即可,如图 2－58 所示。可自行调整弹出对话框中位置偏移、旋转偏移参数,以理解参数含义与操作效果。

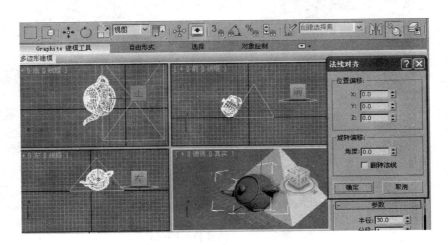

图 2－58 【法线对齐】操作结果

◆ 【对齐】:激活【对齐】对话框,将当前物体与目标物体按选择的位置进行对齐,下面举例将任意球体置于长方体上表面,使球体最低点正好在上表面中心。

在视图窗口中创建一个长方体和一个球体,选中球体,单击主工具栏中的 【对齐】按钮。在透视图中点击长方体,弹出【对齐当前选择】对话框(见图 2－59),进行设置。分析:如图 2－60 所示,将球体最下面的点与长方体上表面对齐,从左视图与前视图来看,球体最下面的点与长方体上表面在高度上一致,球体最下面的点就是当前物体 Z 轴的最小值,长方体上表面是长方体 Z 轴的最大值,这里需要把对齐理解为相等。将球体放到物体的正中央,在对话框中按图 2－61 进行设置,效果如图 2－61 中透视图所示。这里的中心点是指该物体上同一坐标轴上最大值与最小值的平均值的所有点。

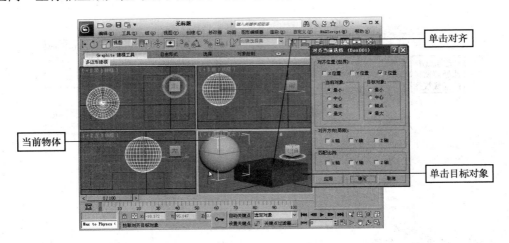

图 2－59 【对齐】操作

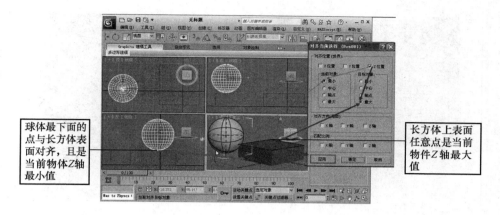

球体最下面的点与长方体表面对齐，且是当前物体Z轴最小值

长方体上表面任意点是当前物件Z轴最大值

图 2-60　【对齐】操作分析

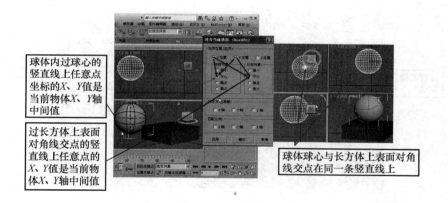

球体内过球心的竖直线上任意点坐标的X、Y值是当前物体X、Y轴中间值

过长方体上表面对角线交点的竖直线上任意点的X、Y值是当前物体X、Y轴中间值

球体球心与长方体上表面对角线交点在同一条竖直线上

图 2-61　【对齐】操作设置与结果

◆ 【高光对齐】：将灯光高光准确定位到另一对象指定位置，也可将物体指定位置与高光对齐。以图 2-62 和图 2-63 为例进行高光对齐操作。

在视图窗口中创建一个四棱锥，选择【创建】——【灯光】——【标准】 标准 ——【目标聚光灯】 目标聚光灯 ，在视图中创建目标聚光灯，如图 2-62 所示。

在透视图中选择聚光灯（不要选择目标聚光点），点击【放置高光】按钮。将光标移到四棱锥表面，按住鼠标左键移动，可以看到灯光高光部分随鼠标移动，灯光法线垂直于光标所在物体的表面，如图 2-63 所示，达到合适位置时松开鼠标。

◆ 【对齐摄像机】：将选择的摄像机对其目标物体所选择表面的法线，其操作方法和【高光对齐】 一致，这里不再赘述。对应按钮如图 2-64 所示。

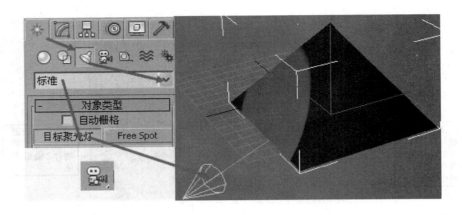

图 2 – 62　创建对象和灯光

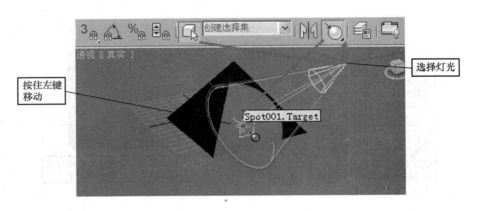

图 2 – 63　选择聚光灯

图 2 – 64　【对齐摄像机】

◆ 【对齐到视图】:对齐到视图工具可以将选定对象的局部坐标轴与当前视图对齐。对应按钮如图 2 – 65 所示。在场景中创建长方体(见图 2 – 66),点击主工具栏上【对齐到视图】按钮 ,将弹出【对齐到视图】对话框,如图 2 – 67 所示。对齐视图是指将物体进行角度改变,使其自身的坐标的指定轴与当前视图的轴一致。

图 2 – 65　【对齐到视图】

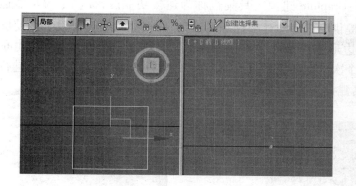

图 2 - 66　创建对象　　　　　　　　　图 2 - 67　对齐到视图

◆ 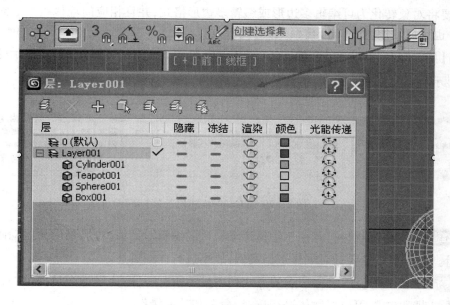【层管理器】：场景复杂时，需要按一定类别、物体属性或设计师习惯组织和管理复杂场景中的对象。

　　【层管理器】可以新建层、查看和编辑场景中所有层的设置，以及与其相关联的对象，如图 2 - 68 所示；层的管理模式和方式和 CAD 的管理模式和方式基本相同，甚至界面都基本一致。CAD 课程是 MAX 课程的前续，下面解释各按钮的含义。

图 2 - 68　【层管理器】对话框

- 点击创建新图层。
- 删除所选空图层。
- 将当前物体添加到所选图层中。
- 选定所选图层内物体。

◆ ▣【Graphite 建模工具】:Graphite 建模工具集也称为建模功能区,提供了编辑多边形对象所需的所有工具,其界面提供专门针对建模任务的工具,并仅显示必要的设置以使屏幕更简洁,如图 2-69 所示。多边形建模是一个功能非常强大的工具,其参数和按钮也是3DSMAX 工具当中最复杂的,每个次物体层级都具有许多参数和按钮,都可以对多边形进行编辑改变物体形状。想要有较高建模水准就一定要学好可编辑多边形工具。

图 2-69　Graphite 建模工具

功能区包含所有标准编辑多边形或可编辑多边形工具,以及用于创建、选择和编辑几何体的其他工具。此外,还可以根据自己的喜好自定义功能区。

要使多数【Graphite 建模工具】面板功能可用,必须选择单个可编辑多边形或编辑多边形对象,要将对象转化为可编辑多边形或编辑多边形格式,并且相应的堆栈级别必须处于活动状态。也可以使用【Graphite 建模工具】面板进行转化。

单击【Graphite 建模工具】面板右边的 ▣▼(见图 2-70),可以切换为【显示完整的功能区】,显示所有建模工具按钮;再次单击 ▣▼ 将切换为【最小化为选项卡】。

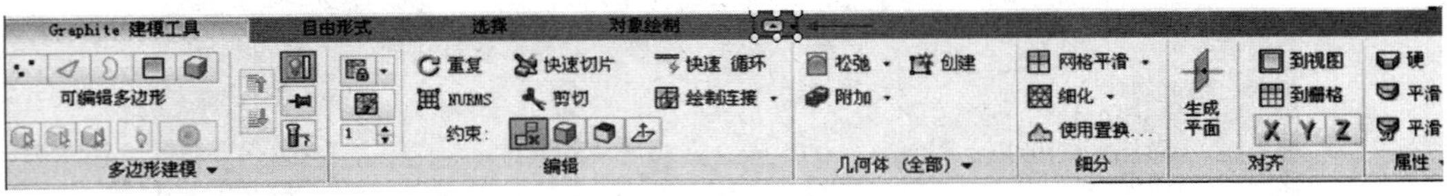

图 2-70　【Graphite 建模工具】

◆ ▣【曲线编辑器】:打开用于物体运动轨迹的编辑对话框,对场景中物体动画进行查看和编辑。由于本书主要针对家具造型案例,故不进行详细讲述。

◆ ▣【图解视图】:以名称节点的方式列表显示所有物体,为设计人员提供一种查看物体间关系的直观方式,可以对物体进行选择、命名和其他操作。

◆ ▣【材质编辑器】:打开材质编辑器,进行材质编辑、调整、选择并赋予物体材质。

◆ ▣▣▣【渲染】:依次是【渲染设置】、【渲染帧窗口】、【渲染产品】,分别为通过打开渲染对话框渲染、对当前视窗渲染、按前次渲染设置渲染。

2.2　浮动工具栏工具详解与操作

除主工具栏外,还有一些工具栏一般情况下是隐藏的,需要时可以调用,如【约束轴】、【层】、【附加】等。

浮动工具栏调用操作方法:将光标置于主工具栏空白处,单击右键,在弹出的菜单中可以选择需要的浮动工具栏目,如图 2 - 71 所示。只要在主工具栏的任意空白处或紧随其后右边的空白区单击右键都会弹出调用浮动工具栏菜单。浮动工具栏有【层】、【约束轴】、【附加】,和主工具栏一样,同类同操作性质的工具按钮有其他复选按钮,须将光标移动到该按钮处并按下鼠标左键不松开情况下,弹出其他按钮。

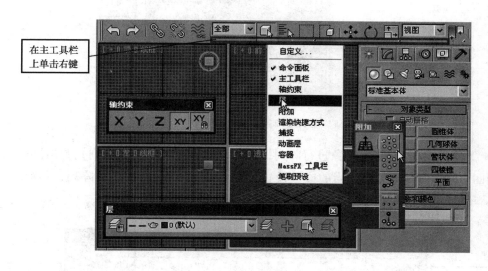

图 2 - 71　调用浮动工具栏

2.2.1　【层】与【约束轴】浮动工具栏

◆ 　【层】:属于浮动工具栏,调用显示界面形态如图 2 - 71 所示,此功能与先前讲过的【层管理器】 一样,只是【层】浮动工具栏将【新建层】、【添加当前物体到当前层】、【选择当前层】、【选择层对象】等功能按钮直接置于【层】浮动工具栏上,以便快捷操作。

◆【约束轴】:高亮显示的坐标轴为当前约束轴,手动约束 X/Y/Z/XY 轴对应快捷键为 F5/F6/F7/F8,重复按快捷键 F8,约束轴会在 XY/YZ/ZX 等平面之间进行切换。

2.2.2　【附加】浮动工具栏

◆ 　【自动格栅】:打开此按钮,在生成对象时,自动创建一个以起始点为中心点的临时格栅面作为创建物体参考,如图 2 - 72 所示,以便设计师观察创建物体的大小情况。物体创建完成后,临时格栅面会自动消失,不影响后面各项操作。

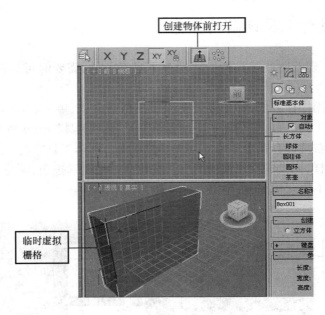

图 2-72 【自动格栅】操作

◆ 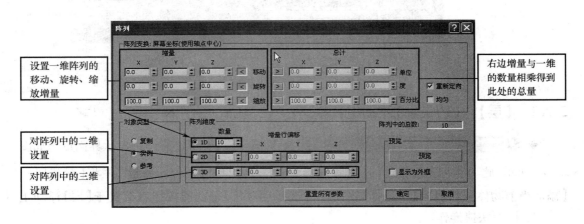 【阵列】:对当前对象进行阵列,选择一个物体,点击 【阵列】,弹出【阵列】对话框,如图 2-73 所示。通过适当的参数设置,可以进行一维、二维、三维阵列,一般用于对象多个数量有序的阵列复制。图 2-74 所示为一维阵列举例说明。

图 2-73 【阵列】对话框参数分析

一维矩形阵列综合举例如图 2-74 所示。创建 40mm×40mm×2mm 的长方体,使长方体为当前物体,单击阵列按钮。设置增量 $X=80$,其余增量为 0,再设置阵列维度【1D】数量为 5,点击确定,一维阵列完成。

注意:增量 $X=80$ 并非指空隙距离,而是阵列相邻物体对应点 X 值差值。

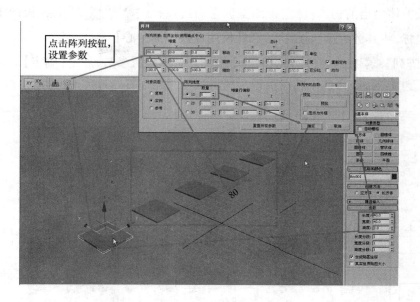

图 2 – 74 一维阵列

2.2.3 环形阵列创建旋转楼梯

在顶视图创建圆柱体，设置圆柱体半径为 10，高度为 150，如图 2 – 75 所示。再创建一个长方体，设置长方体长度为 12，宽度为 40，高度为 1.5，两者透视图位置效果图如图 2 – 75 所示。

点击【视图坐标系】拾取，在视图中拾取圆柱体为指定坐标 Cylinder01，将其旁边按钮设定为【使用变换坐标中心】，如图 2 – 76 所示。

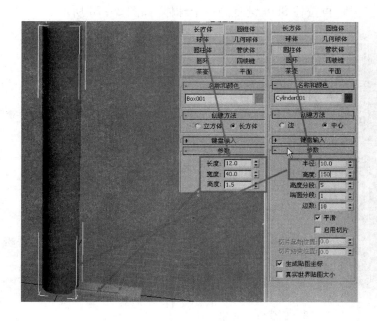

图 2 – 75 创建阵列对象

图 2 – 76 阵列坐标

选定长方体为当前物体,确定视图坐标系右边按钮 Cylinder0l，在视图中拾取圆柱体为指定坐标,将其旁边按钮设定为 【使用变换坐标中心】。

点击【阵列】 按钮,在阵列对话框中按图 2 – 77 设置参数,点击【确定】。

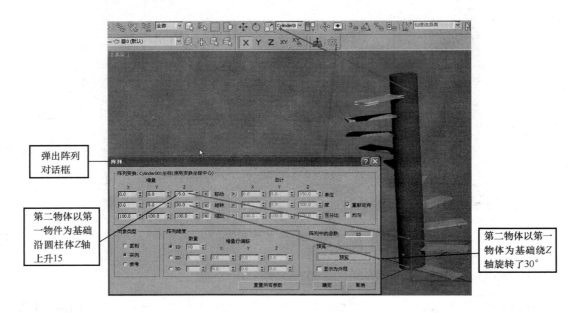

图 2 – 77　参数设置

2.2.4　二维阵列创建"DNA"

在顶视图创建半径为 10 的球体,再按住 Shift 键复制一个球体,如图 2 – 78 所示。

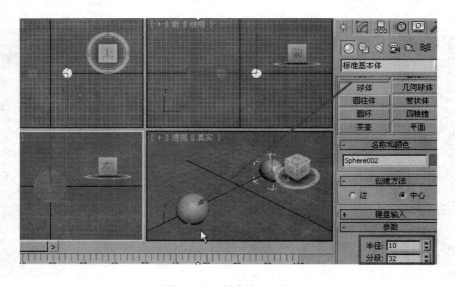

图 2 – 78　创建阵列对象

设左视窗为当前视窗,创建半径为 4 的圆柱体,圆柱体高度根据两球间的距离适当设定,通过 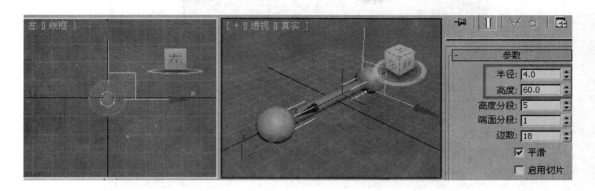【选择并移动】将圆柱体移动到两球之间,如图 2 - 79 所示。

图 2 - 79　阵列准备

设透视窗为当前视窗,选择三个对象,选用【使用选择集中心】 ,然后点击 按钮,弹出【阵列】对话框。在一维增量中设置【移动增量】Z 为 9,【旋转增量】12,如图 2 - 80 所示。这样相邻阵列组后一组比前一组在 Z 轴上升 9 个单位距离,而且绕中心旋转 12°,一共阵列 30 组。点击【预览】,结果如图 2 - 81 所示。

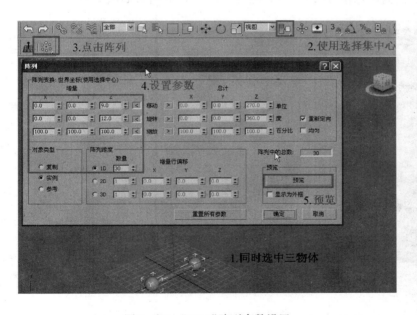

图 2 - 80　"DNA"阵列参数设置

图 2 - 81　结果

点选【2D】复选框,激活二维阵列,在二维增量中,将数量设为 5,在 X 数值输入框中输入 200,他参数不变,阵列效果如图 2 - 82 所示;此时的二维阵列可以理解为将图 2 - 81 一维阵列中的单体"DNA"看作一个整体后进行 X 轴方向增量的阵列。

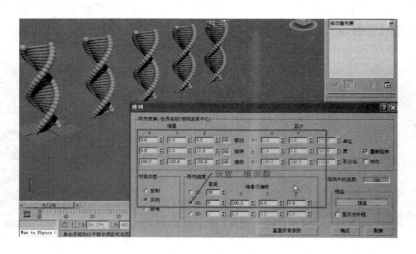

图 2 – 82　二维阵列

2.2.5　三维阵列综合应用创建多层方体

创建 350mm × 50mm × 50mm 的长方体,使长方体为当前物体,单击【阵列】■■■按钮,设置一维增量 $X = 100$,其余为默认值,再设置【1D】数量为 10,预览结果如图 2 – 83 所示。

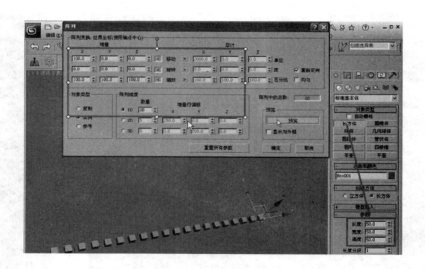

图 2 – 83　一维阵列

设置【2D】数量为 10,在 Y 值框中输入 100,预览阵列效果如图 2 – 84 所示。

设置【3D】数量为 10,在其后面 Z 值输入框中输入 100,其余数值不变,三维阵列完成,预览效果如图 2 – 85 所示。

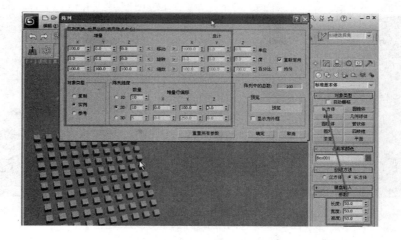

图 2 – 84　二维阵列

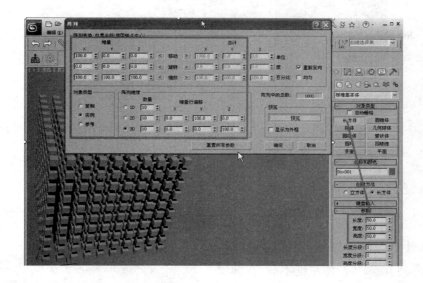

图 2 – 85　三维阵列

2.2.6　【间隔】工具应用举例

◆ 【间隔】:将当前物体在指定的曲线路径上复制出多个同样的物体,并按选定的方式整齐均匀地在路径上进行排列。

应用【间隔】工具创建篱笆。点击【创建】,在【几何体】下单击【标准基本体】标准基本体,点击【球体】 球体 按钮,创建小球。点击命令面板【创建】,在【图形】按钮下的【样条线】 样条线 下单击【线】线,创建曲线,如图 2 – 86 所示。

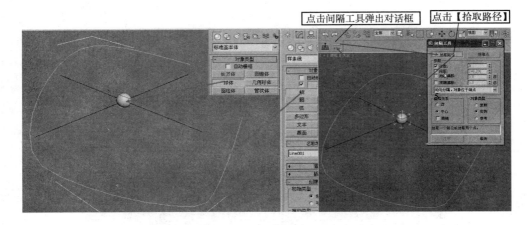

图 2-86　【间隔工具】操作与参数设置

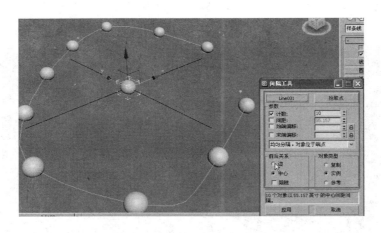

图 2-87　小球应用【间隔工具】

使小球处于当前物体状态,在【附加】工具栏点击【阵列】 并按住左键不放,在弹出的隐藏工具中选取【间隔工具】 ,随即弹出【间隔工具】对话框,点击【拾取路径】按钮,在视图中点击刚创建的曲线,【拾取路径】处便呈现曲线名称"Line001",设置其他参数,点击应用便可完成物体在指定的曲线路径进行复制排列,效果如图 2-87 所示。

点击【创建】 ,在【几何体】 下单击 长方体 ,点击【拾取路径】按钮,在视图中选择创建的曲线,在【前后关系】栏下选取【跟随】,结果如图 2-88 所示。

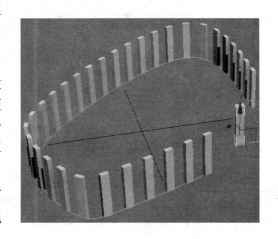

图 2-88　长方体【间隔工具】应用

2.3　3DSMAX 视图区

　　3DSMAX 系统默认的视图区分为四个视图（见图 2 - 89）：左上区为顶视图，右上区为前视图，左下区为左视图，右下区为透视图。视图区是用户进行场景操作的工作区域，用户通过视图设置，可以对视图布局与配置进行设置。

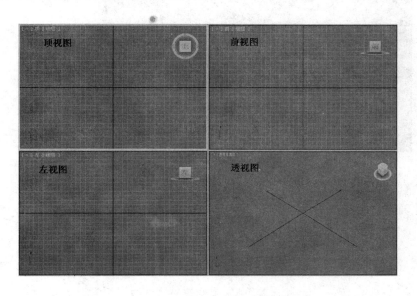

图 2 - 89　绘图区视窗

2.3.1　3DSMAX 视图区视窗切换

　　◆ 通过快捷键切换视窗：可以对当前视窗在顶视图、前视图、左视图、透视图进行快速切换。切换快捷键如下：

　　T（Top）——顶视图　　　　　F（Front）——前视图　　　　L（Left）——左视图

　　P（Perspective）——透视图　　B（Bottom）——底视图　　　C（Camera）——相机视图

　　U（User）——用户视图

　　◆ 通过【立方体视图导航器】切换视窗；其操作方法如图 2 - 90 所示。用鼠标点击视图中的【立方体视图导航器】，再按住鼠标左键拖动以旋转【立方体视图导航器】，可以看到【立方体视图导航器】六个面上分别有【前】、【后】、【上】、【下】、【左】、【右】字样，点击不同面上的字标就可以切换相应的视图。

2.3.2　视图布局配置操作

　　视图区的视图数量以及顶视图、前视图、左视图、透视图的位置都可以按用户个人习惯进行个性化设置，如图 2 - 91 所示。操作方法：点击菜单【视图】/【视口配置】，在弹出的对话框中选择【布局】选项。3DSMAX 提供多种视图配置方式选择，用户选择任意一种布局方

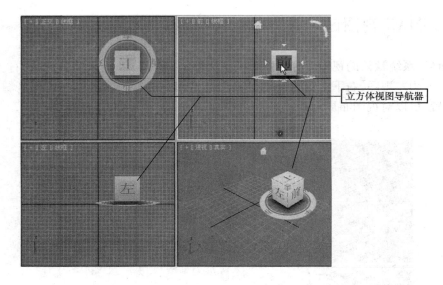

图 2 - 90 【立方体视图导航器】设置

式后,单击【确定】按钮,视图区域便按选择方式进行改变,如图 2 - 91 所示。

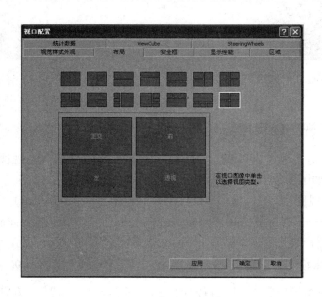

图 2 - 91 【视口配置】

　　【视口配置】对话框除了提供多种视图配置方式外,还可以在对话框中直接设置视口类型,在对话框视口图像区域直接单击就可以在弹出菜单中选取视口类型。

　　除了菜单操作外,还可以在视窗设置:一是在【立方体视图导航器】 上单击右键,在弹出的菜单中选择【配置】,弹出【视口配置】进行设置,如图 2 - 92 所示;二是在各视窗左上角的 线框 或 真实 处单击右键,在弹出菜单中选择【配置】,弹出【视口配置】进行设置。

　　用户可以根据需要调整每个视图的大小。只需把光标放在边界上,按住鼠标左键可以上下左右移动边界而改变各视图区域的大小,如图 2－93 所示。

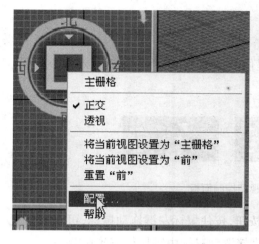

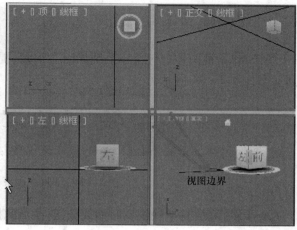

图 2－92　【视口配置】调用　　　　　　　　图 2－93　视图布局

2.4　命令面板

　　3DSMAX 命令面板默认置于系统界面右侧,提供了丰富多样的对象创建工具与编辑修改命令,为各种对象的创建与修改、动画的编辑、灯光与摄像机的创建与编辑提供方便,外部插件的窗口也位于这里。命令面板操作方式有按钮、输入框、下拉式菜单,这些操作方式使命令面板操作起来简单而快捷,鼠标的操作是要么点击要么拖动。

　　命令面板包括六大部分,分别为: ✳【创建】面板, ◢【修改】面板, 品【层级】面板, ◎【运动】面板, ▣【显示】面板和 ◪【工具】面板。

　　◆ ✳【创建】:可以创建几何体○、图形○、灯光◁、摄影机 ☒、辅助对象 □、空间扭曲 ≋、系统 ✳ 七种对象。

　　◆ ◢【修改】:修改当前物体的参数,添加外形编辑器,对当前物体次对象进行选择、修改等。

　　◆ 品【层级】:用于调整连接物体间层级关系,改变物体坐标轴与物体的位置关系。包括轴 轴 、反向运动 IK 、链接信息 链接信息 。

　　◆ ◎【运动】:运动面板的工具按钮与参数设置框用于对当前物体的运动控制,通过对当前物体指定动画控制器,设置运动轨迹,对动画关键帧的信息进行编辑,主要用于动画编辑,不属于本书介绍重点。

　　◆ ▣【显示】:控制场景中物体的显示、隐藏、冻结,以便用户更好地对场景中的物体进行快速选择、独立操作与编辑,防止不必要的干扰,提高用户工作效率。

◆ 【工具】:外部程序工具,为用户提供一些特殊功能工具,主要包括【资源管理器】、【摄影机匹配】、【动力学】、【运动捕捉】等实用工具。

2.5 视图控制区

3DSMAX 视图控制区位于系统界面右下角,提供视图缩放、平移等视口显示控制工具,其形态如图 2 - 94 所示。

图 2 - 94 不同视图下视图控制面板

◆ 【缩放】:单视窗实时缩放按钮,激活此按钮,按住鼠标左键拖动鼠标,可对当前视图区域进行实时显示缩小或放大。一般情况可以直接滑动鼠标中键执行缩放功能。

◆ 【缩放所有视窗】:对全部视窗进行实时缩放,激活此按钮,按住鼠标左键拖动鼠标,绘图区域全部视窗都会进行实时显示缩小或放大。

◆ 【当前视窗最大化显示选定对象】:在当前视窗最大化显示被选物体,激活此按钮,当前视窗将最大化全部显示被选物体。

◆ 【当前视窗最大化显示全部对象】:在当前视窗最大化显示所有物体,激活此按钮,所有物体在当前视窗将最大化全部显示。

◆ 【所有视图最大化显示选定对象】:在全部视窗中最大化显示被选物体,激活此按钮,被选物体当前视窗将最大化显示当前对象。

◆ 【所有视图最大化显示全部对象】:在全部视窗中最大化显示全部物体,激活此按钮,所有物体在当前视窗均将最大化全部显示。

◆ 【缩放区域】:在当前视窗中拖动鼠标框取区域,系统将框取区域进行最大化显示在当前视窗中。

◆ 【视野】:当前视窗变成透视窗,视图控制区域才会显示此按钮,激活此按钮,可以改变视角大小,视角过大容易导致物体失真变形。如果出现此情景,可在如图 2 - 95 所示【视口配置】对话框中点击【视觉样式外观】,将【透视用户视图】中的视野改回到 45。在实际建模操作过程中经常会出现视角过大,对于初学者来说不是容易处理的事情。

◆ 【平移视图】:单击鼠标左键并按住拖动鼠标,可以对视图进行显示平移观察,配合 Ctrl 键平移加速,快捷键为 Ctrl + P。一般情况下,可以按住鼠标中键拖动鼠标起到平移视图的作用。

◆ 【环绕】:透视窗和用户视窗专有按钮,激活此按钮,围绕视窗物体中心进行视点旋转取景。快捷键为 Ctrl + R,但会取消正在操作的其他工具功能,使用 Alt + 鼠标中键可以对视图以物体为基点进行旋转。

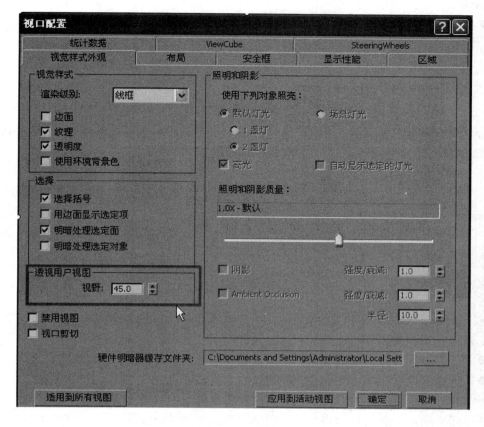

图 2 - 95　【视口配置】对话框

◆ 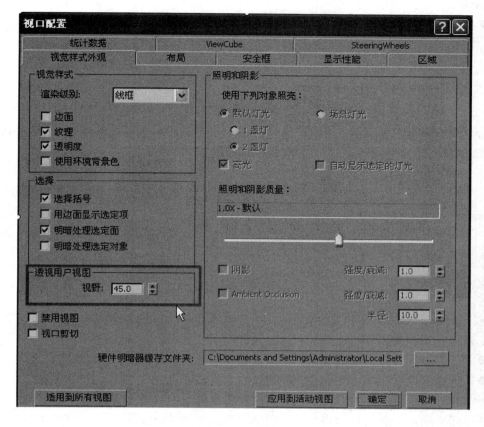【选定的环绕】:功能同上,只是视觉焦点不再是场景物体中心,而是以所选物体为视觉中心。

◆ 【环绕子对象】:功能同上,只是视觉焦点不再是当前物体,而是以所选物体子对象为视觉中心。

◆ 【最大化视口切换】:将当前绘图工作区域进行单视窗与多视窗间切换,多视窗下点击此按钮,多视窗切换成单视窗,单视窗最大化充满绘图工作区域。

◆ 【推拉摄影机】:沿摄影机与摄影目标点连线方向滑动摄影机,改变摄影机位置,但是不改变摄影目标点位置。推拉摄影机使视野范围内物体的显示进行缩放。

◆ 【推拉目标】:沿摄影机与摄影目标点连线方向滑动摄影机,改变摄影机位置,但是不改变摄影目标点位置。推拉目标对相机视窗显示无影响。

◆ 【推拉摄影机 + 目标】:沿摄影机与摄影目标点连线方向滑动摄影机与目标点,同时改变改变摄影机与摄影目标点位置。激活此按钮,在相机视窗中拖动鼠标执行此功能,使视野范围内物体的显示进行缩放。

◆ 【透视】:激活此按钮,单击鼠标左键并按住拖动鼠标,对摄影机位置进行推拉,改变摄影机位置与镜头值,配合 Ctrl 键可增大变化幅度。

◆ 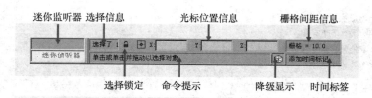【侧滚摄影机】：以摄影机与摄影目标点连线为旋转轴旋转摄像机。
◆ 【平移摄影机】：同时平移摄影机及其目标点，配合 Ctrl 键可增大平移幅度。

2.6 命令提示及状态栏

命令提示及状态栏用于当前操作命令的提示以及显示一些基本数据，主要是对在建模型或当前命令、模型空间的提示与说明，其形态如图 2-96 所示。

图 2-96 状态栏

提示及状态栏按钮与信息提示框功能分析如下：
◆【迷你监听器】：一般情况下用户不会用到它。
◆【选择信息框】：显示当前被选择物体的个数。
◆【光标位置信息】：显示当前光标所在位置在场景中的坐标值信息。
◆【栅格间距信息】：显示当前视图栅格间距，查看栅格间距以便知道建模大体大小。
◆【选择锁定】：对当前物体选择进行锁定或解锁，快捷键为空格键，如图 2-97 所示。

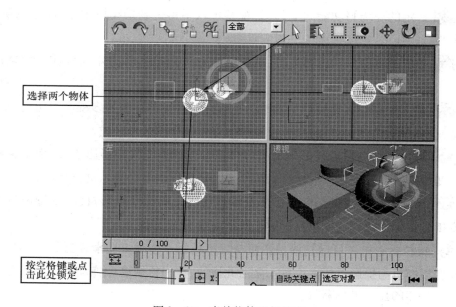

图 2-97 当前物体选择锁定

◆【命令提示】:显示当前命令操作的关键要领信息。

◆【降级显示】:计算机处理系统数据量过大时,使视窗显示细腻程度降级,加快计算机处理其他更重要信息数据的能力。

◆【添加时间标签】:点击此处会弹出选择菜单,用于添加动画关键时间点,主要用于动画,这里不再举例说明。

2.7　动画控制区

◆ 动画控制区:动画控制区位于系统界面下方,此区域的按钮主要用于动画制作时关键帧的设置、记录、播放以及动画时间的设置,如图 2－98 所示。还可以在指定区域单击右键弹出动画【时间配置】对话框,对动画制式、时间显示、播放控制、动画时长等进行设置,如图 2－99 所示。

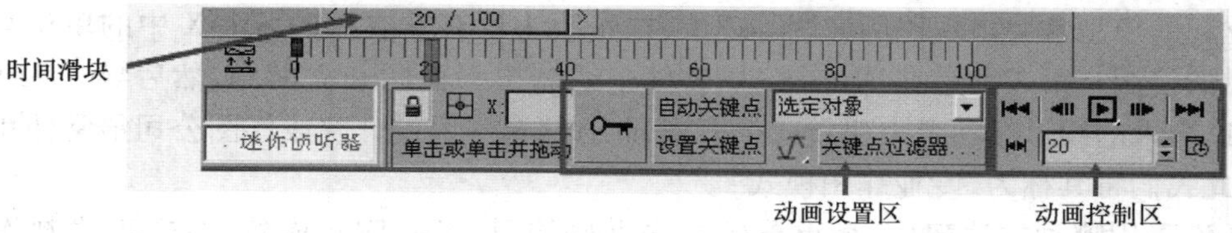

图 2－98　动画设置与控制区

◆ 【设置关键点】:为动画设置关键帧。

◆ 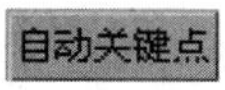

:打开自动关键点按钮,拖动时间滑块停留在所需位置,系统自动将当时场景计为动画关键帧。

◆ 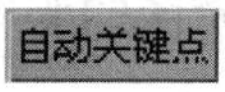

:将当前时间滑块位置作为关键帧。

◆ 【时间配置】:点击【时间配置】或在动画控制区单击右键,打开动画【时间配置】窗口进行时间配置,如图 2－99 所示。

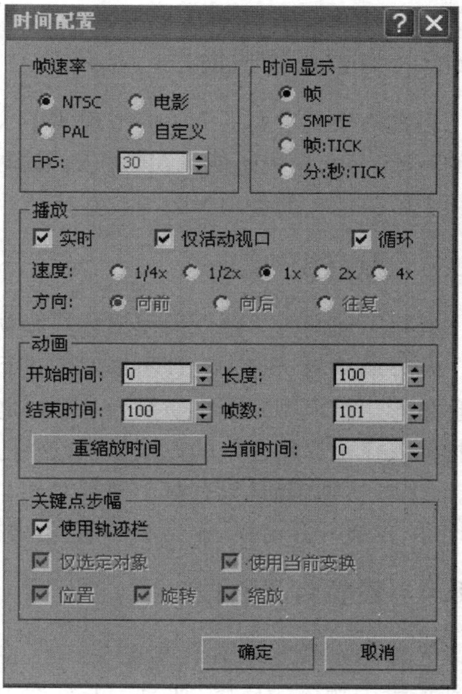

图 2－99　动画【时间配置】

2.8　3DSMAX 家具建模流程

现实生活中企业开发家具产品时,首先对产品开发进行整体规划、产品风格定位,然后根据风格进行草图设计、设计方案优化、确定家具尺寸,再制造零部件,然后安装,进行评估,再进行改进,最后进行整体包装、营造场景氛围,配以家居饰品、灯具窗帘、家具陈设饰品,直至最

终完成时呈现在人们面前的或温馨或华丽的画面。用 3DSMAX 制作效果图的过程与家具产品开发相似,首先对家具风格要有清晰的了解,用什么细节与方法来表达家具风格、确定家具具体尺寸,依据风格与尺寸进行零部件建模,依次完成所有家具模型零部件,完成后检查模型不足与整体评价,再进行改进,并赋予相应的材质(材质指的是虚拟材料),然后设置摄像机和灯光,渲染成图片,最后用 Photoshop 等软件添加一些配景,比如添加人物、植物及装饰物等,最后达到理想的效果。3DSMAX 建模大体分以下几个阶段:建立模型阶段,设置摄像机阶段,赋材质阶段,设置灯光阶段,渲染阶段和后期处理阶段。

2.8.1　建立模型阶段

建立模型是制作效果图的第一步,首先要根据已有的图纸或自己的设计意图在脑海中勾勒出大体框架,并在电脑中制作出它的雏形,然后再利用材质、光源对其进行修饰美化。模型建立的好坏直接影响到最终效果图。

建立模型大致有两种方法:第一种是直接使用 3DSMAX 建立起模型,一些初学者用此方法建立起的模型常会出现比例失调等现象,这是因为没有掌握好 3DSMAX 中的单位与捕捉等工具的使用。第二种是在 Auto CAD 软件中绘制出平面图和立面图,然后导入 3DSMAX 中,再以导入的线形做参考来建立三维模型,此方法是一些设计院或作图公司最常使用的方法,因此我们将其称为"专业作图模式"。

无论采用哪种方法建模,最重要的是先做好构思,做到胸有成竹,在未正式制作之前脑海中应该已有对象的基本形象,必须注意场景模型在空间上的尺度比例关系,先设置好系统单位,再按照图纸上标出的尺寸建立模型,以确保建立的模型不会出现比例失调等问题。

2.8.2　设置摄像机阶段

设置摄像机主要是为了模拟现实中人们从何种方向与角度观察建筑物,得到一个最理想的观察视角,设置摄像机在制作效果图中比较简单,但是想要得到一个最佳的观察角度,必须了解摄像机的各项参数与设置技巧。

2.8.3　赋材质阶段

通过上面的方法建立的模型还只是初步阶段,要想让它更逼真、更接近现实,就需要通过一些外墙涂料、瓷砖、大理石来对它进行修饰,3DSMAX 建完模型后需要材质来表现它的肌理色彩。给模型赋予材质是为了更好地模拟物体的真实质感,当模型建立完成后,视图中的物体仅仅是以颜色块的方式显示,这种方式下的模型不但看起来别扭,而且与现实相差很远,看上去特别虚假,只有赋予模拟真实世界的物理材质才能表现出物体的真实质感,大理石地面、木材开孔清漆、亚光不锈钢、防火板、磨砂玻璃等都可以通过材质编辑器来模拟。

2.8.4　设置灯光阶段

光源是家具效果图最重要的一环,也是最具技巧性的,灯光及它产生的阴影将直接影响到场景中物体的质感、肌理、色彩、空间感和层次感,无论什么材质都会受到灯光的影响。在现实中,专业的摄影师进行产品拍摄时,需要各种灯光:大灯、小灯、反光罩,灯光对产品摄影具有重要的影响。同样,作为应用 3DSMAX 的设计师需对现实生活中光源、光能传递、光学美、色彩与灯光关系有所了解,如果掌握了这些知识,一定能为家具营造良好的灯光效果。制作效果图过程中,设置灯光最好与材质同步进行,这样看到的效果会更接近真实。

2.8.5　渲染阶段

无论是在使用 3DSMAX 制作效果图的过程中,还是已经制作完成,我们都要通过渲染来预览制作的效果是否理想,渲染占用的时间也非常多,尤其是初学者,有可能建立一个物体就想要渲染一下看看,不过这样会占用很多作图时间,那么作图效率就会受到影响。什么时候渲染才合适? 第一次,建立好基本结构框架时;第二次,建立好内部构件时(有时为了观察局部效果,我们也会进行多次局部放大渲染);第三次,整体模型完成时;第四次,摄像机设置完成时;第五次,在调制材质与设置灯光时(这时可能也要进行多次渲染以便观察具体的变化);第六次,一切完成准备出图时(这时应确定一个合理的渲染尺寸)。渲染的每一步都不一样,在建模初期常采用整体渲染,只看大效果,到细部刻画阶段采用局部渲染的方法,以便看清具体细节。

2.8.6　后期处理阶段

后期处理主要是指通过图像处理软件为效果图添加符合其透视关系的配景和光效等,这是一个感性的工作,需要作者本身有较高的审美观和想象力,应知道加入什么样的图形适合这个空间,处理不好会画蛇添足,所以,这一部分的工作不可小视,也是必不可少的。它可以使场景显得更加真实、生动。配景主要包括装饰物、植物、人物等。配景的添加不能过多或过于随意,过多会给人一种拥挤的感觉,过于随意会给人一种不协调的感觉。

常用的图像处理软件包括:Photoshop、Corel DRAW、Photoimage 等。本书不对 Corel DRAW、Photoimage 等图像处理软件做介绍,如想学习请参阅相关书籍。

想做一名专业的设计师或效果图制作人员,素材库的搜集与管理是一件非常重要的事情,如果没有好的素材库,将直接影响作图的速度与质量。所以,平时我们就应该搜集、整理制作效果图的素材库,便于以后使用。

2.9　3DSMAX 工作准备

2.9.1　家具零部件、五金库的建立

所谓模型库就是三维模型资料库,就是用 3DSMAX 制作的家具零部件、五金库、配景模型等物体。在制作效果图的过程中,如果每一个模型都要去制作,那就需要大量时间。企业生产家具时,一般生产主要部件,对于拉手、连接件以及有些部件(扶手、办公椅脚架、滑轮等)都是发外加工或市场采购,如果一些拉手、办公椅滑轮、五星脚架等都生产,企业成本与生产效率都会受到影响,同样我们进行家具建模时,如果每一个零部件都亲自建模,即使制作出来了,设计出来的东西可能在现实中根本难以开发,因为零部件或五金件市场上根本采购不到,如果建立了拉手、滑轮、通用家具零部件与配景模型等模型库,用户所设计的建模不

但效率高而且比较容易实现。模型库的建立大体分为：五金配件、通用零配件、雕花、植物、电视、灯具、桌子腿、椅子腿、床垫、隔断、洁具等。这些文件的扩展名全部是 . MAX 格式，然后将每一个 . MAX 文件经过渲染保存成一个图片格式的文件，最好是 . jpg 格式，因它的容量比较小，空间占用小。

2.9.2　建设贴图素材库

贴图的建立必不可少，因为很多真实的材质就是用贴图表现出来的。平常注意搜集，建立专门放置贴图的文件夹，将每一种贴图分类，它的扩展名通常保存为 . jpg、. tif 等格式。例如：布纹、木纹、地板、地毯、大理石、玻璃、画、风景、广告等。网络上有许多图像网站，有些需要付费，有些免费，网络搜集贴图是非常高效的方法，有时甚至可以直接购买各专业的设计材质库，例如室内设计材质库、园林设计材质库，也就是将设计用的专业材质保存起来，在后面制作效果图时直接将它调出来用，可以节省很多时间，用于设计方案优化。

应用 3DSMAX2012 制作效果图，可以利用 Vray 等渲染插件将真实的灯光效果表现出来。通过使用不同的光域网文件就能创建出不同的亮度分布、不同形状的光源效果，可以模拟出现实中非常真实、自然的灯光效果，例如：筒灯、台灯、壁灯、吊灯、落地灯等，它的扩展名为 . IES 格式。

如果有了以上的这些素材库，在制作效果图时不但效率高而且效果好，希望大家除了使用本书搜集的这些素材库之外，自己平时要多搜集一些好的资料，然后将一些旧的或不好看的删除掉。

2.10　3DSMAX 单位的设置

单位的设置是制作效果图前首要考虑的问题，它直接影响到整体比例，无论是室外建筑还是室内装潢，一般情况都使用毫米，用 CAD 绘制图纸时使用的单位也是毫米，所以使用 3DSMAX 作图时我们同样使用毫米，只有这样才能更好地控制整体比例。

详细操作过程如下：

（1）执行菜单【自定义】/【单位设置】命令，此时将弹出【单位设置】，如图 2 - 100 所示。

（2）在【单位设置】对话框中勾选【公制】选项，在下面的选择单位窗口中选择【毫米】选项，如图 2 - 101 所示。

（3）在【单位设置】对话框中点击【系统单位设置】，弹出【系统单位设置】对话框，在【系统单位设置】窗口中选择【毫米】选项，然后单击【确定】按钮（两次），单位设置完成，如图 2 - 102 所示。

图 2 - 100　单位设置菜单

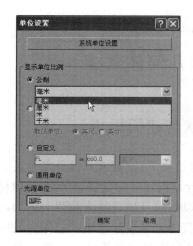

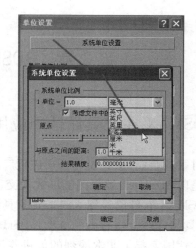

图 2 – 101　单位比例　　　　　　　图 2 – 102　系统单位

本章小结

　　本章系统讲述了 3DSMAX 的功能、应用范围、对设计师的重要性,重点讲述了 3DSMAX 界面、启动、退出,并图文并茂地讲解了主工具栏、附加工具栏的操作方法,注意事项,在实际讲解中还将案例与详细操作相结合以便深刻领会各个具体按钮的作用、操作方法与具体功能。基础非常重要,今后建模的过程离不开对这些工具按钮的操作,希望读者对本章内容多读多练习,从而深刻理解本章的概念,熟练掌握各工具按钮的作用、操作方法以及各项参数含义与功能,为后面进一步学习打下坚实的基础。

第 3 章 3DSMAX 几何体建模

3.1 3DSMAX 在家具设计中应用现状与建模思想

通过对家具企业、家具设计公司进行广泛地走访交流,发现家具设计师最后设计方案的完成稿都是以 3DSMAX 效果图的形式提交,随着计算机硬件的发展、3DSMAX 软件的不断升级优化,3DSMAX 软件已经深入渗透到家具设计领域,而且呈现越来越强大的影响力与渗透力,并对家具设计产生强有力的推动,3DSMAX 在我国家具设计领域的应用对我国家具设计赶超世界发达国家起了非常深刻的促进作用,并且促进了家具设计从家具企业独立出来成为一个服务于家具企业的独立行业,专业化的家具设计公司在经济发达的珠三角地区越来越多,家具设计正是信息、市场、技术和第三产业的重要构成因素。这说明家具设计在现代社会中所发挥的重大作用。中国家具工业的转型升级离不开家具设计的高水平崛起,本章将结合家具设计的理论和 3DSMAX 应用来讲解,使学习者能够应用 3DSMAX 创建各种家具造型。

现代家具产品给人传递两种信息:一是功能信息,比如长、宽、高、斜度、舒适性、结构、材料、工艺,即产品的功能属性信息;另一种是感性信息,如产品的造型、色彩、肌理、质感、风格、细节,即产品传递的审美属性信息。前者是产品存在的基础,而后者则更多地与产品形态、艺术相关。从人的本性来看,人的感性要更多于理性,所以感性设计在以后的产品设计中所占的比重将越来越大,感性设计要体现出产品的安全性、指示性、情感性以及人机关系和美学原理。

由于现阶段处于建模阶段,为了给后面高级建模打下坚实的基础,首先讲解一些基本建模,然后学习二维建模、复合建模、多边形建模。本书讲解以循序渐进为原则,建模方法讲解遵循由简单到复杂、由低级到高级、由单一到复合的方式。

3.2 三维的概念

生活中我们经常见到三维物体,所谓三维物体就是能让人触摸、感受到长、宽、高的物体。物体有颜色,有明暗,也就是我们通常所说的有立体感。点、线、面、体构成设计的几何要素,"点动成线,线动成面,面动成体"用运动的观点揭示了点、线、面、体之间的内在联系。

图 3 − 1 是矩形与立方体,左边矩形由线构成,右边是长方体,能表现出长、宽、高。

3.3 3DSMAX【标准基本体】建模

无论何种版本,3DSMAX 都提供了非常直观简洁的基本几何体建模工具,操作简单易学,能创建一些非常规整的几何体,如:长方体、球、圆锥、圆柱、圆管、圆环、茶壶等。不要

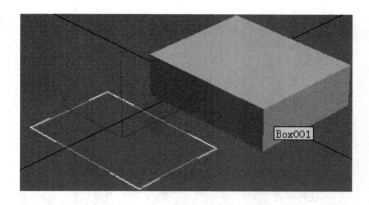

图 3-1　二维与三维比较

小看基本几何体,基本几何体不但能建标准简单规则的空间形体,很多复杂的(包括古典沙发、古典实木家具)有机感性曲面物体都是在这些简单物体的基础上添加修改器经过编辑而成。

　　启动3DSMAX后,在系统默认界面右边有命令面板,点击命令面板【创建】 ，在【几何体】 下单击【标准基本体】 ，就可以创建长方体、圆锥体、球体、几何球体等十种物体,如图 3-2 所示。各基本体对应形态如图 3-3 所示。除此之外,可以通过参数设置创建棱锥体、棱柱等物体。

图 3-2　标准基本体创建面板

　　图 3-3 中的 10 种标准基本体按照创建步骤的多少分为三类。

　　● 第一类:点击并按住鼠标左键拖动鼠标到适当位置松开创建,包括球体、茶壶、几何球体、平面。

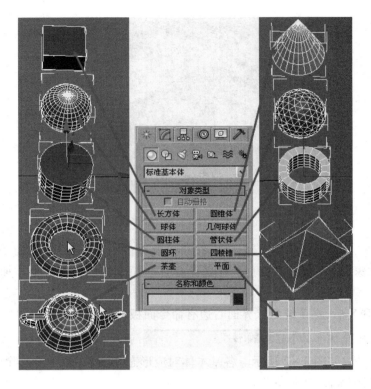

图 3 – 3　各基本体对应几何体形态

● 第二类:点击并按住鼠标左键拖动鼠标到适当位置松开,再移动鼠标到适当位置点击鼠标确定物体其他参数,包括长方体、圆柱体、圆环、棱锥体。

● 第三类:点击并按住鼠标左键拖动鼠标到适当位置松开,再移动鼠标到适当位置点击鼠标左键并松开,再次移动鼠标到适当位置点击鼠标左键确定物体其他参数,包括棱锥体、圆管体。

很多复杂的造型都是由简单的物体通过编辑修改得到,比如家具中的很多欧式沙发,都是首先创建最简单的【长方体】再通过【多边形】编辑得到造型复杂、细节繁多的欧式沙发。要熟练应用 3DSMAX 生成高级复杂家具造型,必须认真学习【标准基本体】的用途及创建方法,因为这些几何体是众多复杂造型的基础,所以【标准基本体】是 3DSMAX 最简单但是是最重要的几何体,【标准基本体】创建命令面板主要由以下两个展卷栏构成:【对象类型】和【名称和颜色】。

首先我们来学习它们所共用的【对象类型】与【名称与颜色】两个展卷栏,点击卷展栏 **－　　对象类型**　　、**＋　　名称和颜色**　　前面的"＋",可以打开展卷栏。

◆【对象类型】:在此卷展栏中列出了常见的物体类型,这些几何体与工具栏包含的几何体工具按钮是相对应的,包括:长方体、球体、圆柱体、圆环、茶壶、圆锥体、几何球体、管状体、棱锥体、平面。

●【自动栅格】:只有在选择了一个创建物体按钮之后此选项才有效。勾选此选项后,鼠标包含了一个指示轴,在已建物体表面移动鼠标的时候,鼠标会自动捕捉到邻近物体表面的一点,单击鼠标确定创建物体的 X 和 Y 轴坐标,Z 轴会自动与最近的物体表面垂直。如果没有选定要对齐的表面,那么接下来创建的物体则与当前激活的物体(即刚刚创建完成的物体)对齐。

◆【名称和颜色】:为当前创建物体命名以及指定颜色,也可在创建完成后通过此处对选定物体的名称和颜色进行修改(见图 3-4),但前提是必须激活所要修改的物体。对于一些复杂场景,尤其是室内设计、园林设计,物体数量多,通过对物体命名可方便用户在复杂场景中对物体进行快速和准确地选择。常用方法是单击主工具栏中的【按名称选择】按钮,在弹出的【物体名称】对话框的列表中单击所要选择物体的名称,再单击【选择】按钮,就可以快速地选择物体。

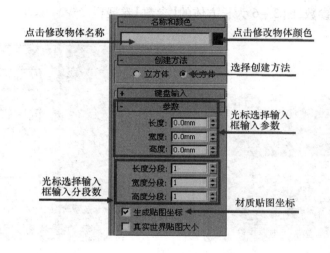

图 3-4　长方体参数卷展栏

在上面的 10 种标准基本体中,无论哪一种被激活,面板类下的参数都是相同的,分别是:【名称和颜色】、【创建方法】、【键盘输入】、【参数】共 4 个展卷栏参数,如图 3-4 所示。

通用展卷栏详解:

◆【创建方法】:控制以哪一种方式来创建物体。

◆【键盘输入】:在创建方体时也可以不采用拖动鼠标创建的方式,而使用输入坐标位置与长宽高参数的方式来创建物体。通过使用键盘中的 Tab 组合键在不同数值输入框间切换,使用 Enter 键确定输入的数值;使用 Shift + Tab 组合键可以回退到前一个数值输入框,输入完所有的数据后单击【创建】按钮即可生成(因为此方式创建物体比较麻烦,所以在制作效果图时很少用到,在下面就不做重复讲述了)。

◆【参数】:创建完物体后,可以在数据输入框中通过输入数值修改刚创建完成物体的参数。

◆【生成贴图坐标】:三维物体在默认状态下没有贴图坐标,被赋予材质贴图时都需要一个贴图坐标才能使被赋的材质贴图显示出来,赋予物体材质贴图后系统会自动勾选此项,为当前物体指定一个贴图坐标(后面不再重复讲述)。

3.3.1 【长方体】

◆ 造型作用:用来创建立方体及方体的各种变体。可以制作墙面、地面、方柱、玻璃、装饰线等造型,在家具里可以用来创建沙发、坐垫,还可以用来制作中式、欧式实木家具,板式家具及各式各样家具零部件。

◆ 创建操作:长方体需要拖动鼠标两次才能完成。点击命令面板【创建】 ，在【几何体】 下单击【标准基本体】 标准基本体 ，单击 长方体 ，如图 3 -5 所示。在视图中单击鼠标左键并拖动,完成长、宽、高中的两个维度参数。松开鼠标拖动完成另一个维度参数。一般情况下习惯在顶视图中单击鼠标左键并拖动确定长、宽两个参数;松开左键拖动鼠标确定高度参数,图 3 - 6 为长方体的【参数】卷展栏。

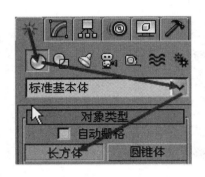

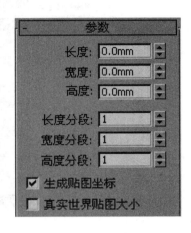

图 3 - 5 长方体创建   图 3 - 6 长方体参数卷展栏

【长方体】参数详解:

可以选择创建立方体或者长方体,一般情况下选用长方体,因为立方体也是通过长方体的长度、宽度、高度参数一致便可以创建。

● 【长度】、【宽度】、【高度】:设置长方体的长、宽、高。在不同的视图创建长方体,【长度】、【宽度】、【高度】实际对应的三维长、宽、高有所不同。

● 【长度分段】、【宽度分段】、【高度分段】:控制长方体长、宽、高的分段段数。3DSMAX系统里没有和现实世界一样的真正意义的曲线,是由一条条小线段互成角度连接而成。同样,3DSMAX 系统里没有和现实世界一样的真正意义的曲面,是由一个个平面互成角度连接而成。球体是一个个四边形围成的曲面体。从图 3 -7 可以看出分段在物体结构上的实际意义。

段数在 3DSMAX 中是确定对象光滑程度的参数,一般来说段数越高对象越光滑。对于平面类型的长方体本身没有弯曲面,其分段值对长方体表面效果没有影响,但是影响后期向复杂高级形体的编辑修改。在 3DSMAX 中,不能为了光滑将分段值设置太大,否则会给计算机计算数据处理带来沉重负担。对于后期不需要向复杂形体编辑的长方体,长、宽、高的分段值设置为 1,计算机速度最快,效率最高。

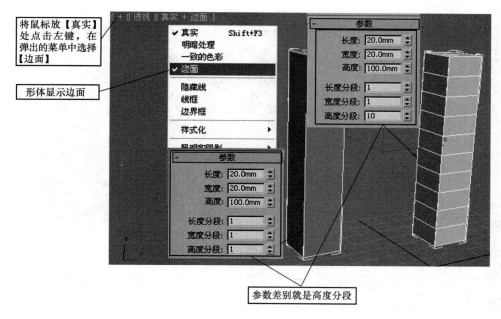

图 3－7   分段含义

【分段】综合应用案例：

点击透视窗【真实】,在弹出菜单中选择【边面】。在命令面板点击【创建】 ☀ ,在【几何体】 ◯ 下单击【标准基本体】 标准基本体 ▼ ,单击 长方体 。创建左边长方体高度分段为 1,右边长方体高度分段为 10,形体显示差别主要在高度的分段上。

选择一个长方体,点击 ◖◗ ,再点击 修改器列表 ▼ ,添加【弯曲】修改器,如图 3－8 所示。设置角度数值为 50,然后对另一个长方体进行同样的操作。明显可以看出,设置高度分段为 10 的长方体能在高度方向取得良好的弯曲效果,如图 3－9 所示。

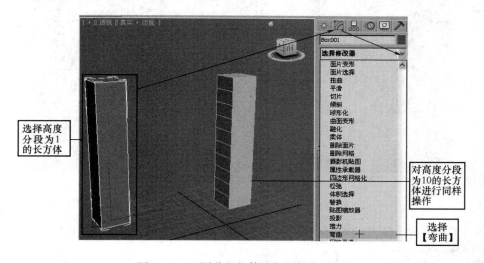

图 3－8   不同分段物体添加同样修改器

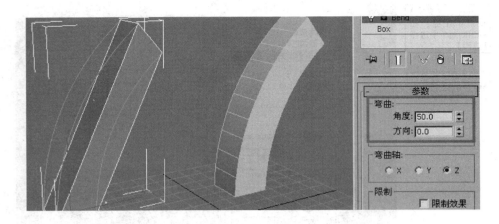

图 3-9　不同分段物体添加同样修改器不同结果

　　读者自行对长方体【高度分段】分别设置为 2、3、4、5、6 等数值后添加【弯曲】修改器,观察效果。

3.3.2　【球体】

　　◆ 造型作用:可以创建球体及球体的各种变体,家具造型上各种球形零部件或半球形装饰件以及室内装饰设计中的灯笼、灯具、椭球样形体等都可以用【球体】来创建或变体而得,图 3-10 为【球体】所创建的各种形态。

图 3-10　【球体】能创建的几何体形态

　　◆ 创建操作:点击命令面板【创建】 ，在【几何体】 下单击【标准基本体】 标准基本体 ，点击【球体】 球体 按钮,在任意视图单击并拖动鼠标左键确定球体的半径大小即可完成球体的创建。图 3-11 为【球体】的【参数】栏。

【球体】参数详解：

●**【半径】**：球面上任意点到球心的距离，决定球体大小。

●**【分段】**：球体经度、纬度的分段段数，决定球体光滑程度，段数高则球体光滑。但是不能为了光滑设置过多段数，消耗大量计算机资源，给计算机数据处理带来沉重负担。从图3－12可以看出，段数越多，面数越多。具体段数的多少要根据球体半径大小和后期效果图渲染时球体在效果图中大小和位置确定，有经验的设计师会在不影响效果的基础上尽量少设置对象分段值。

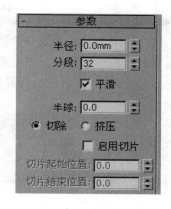

图 3－11　【球体】参数

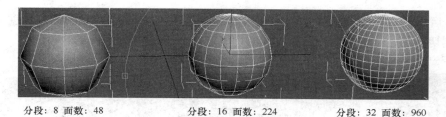

分段：8 面数：48　　　分段：16 面数：224　　　分段：32 面数：960

图 3－12　不同分段物体对比

在创建物体时，按一下键盘上 7 键，可显示场景面片数量与顶点数量。

●**【半球】**：半球系数决定球体被切除多少。默认值为 0 时，球体完整；值为 0.5 时，显示 1/2 的半球体；如图 3－13 所示。值为 1 时，全部被切除，对象不可见。

半球：0.3　　　　　半球：0.5　　　　　半球：0.8

图 3－13　不同半球数值对比

●**【光滑】**：决定球体以光滑形式显示还是以面片形式显示，图 3－14 为勾选【光滑】与不勾选【光滑】的区别。

勾选【光滑】　　　　　　　　不勾选【光滑】

图 3－14　【光滑】选项不同对比

● 【切除】与【挤压】：【切除】用于控制半球体表面分段段数是否跟随半球切除。勾选此项，被切除的半球部分的分段面片也会被切除。若勾选【挤压】，球体总的面片数量不会改变，所有的分段段数将挤压在没有被切除的半球上，也就是说切除前后球体与半球体的面片数量一致。图 3 – 15 所示为切除与挤压对比。

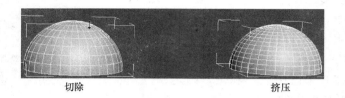

切除　　　　　　　　　　　　　挤压

图 3 – 15　切除与挤压对比

● 【启用切片】：围绕局部坐标系的 Z 轴，确定球体切片操作切除的开始角度与结束角度。不同切片起始位置与切片结束位置的切除效果如图 3 – 16 所示。

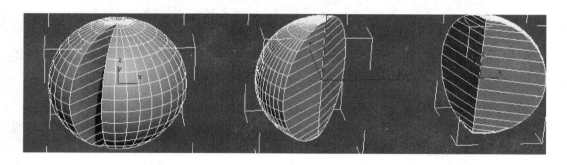

图 3 – 16　启用切片不同参数情况

注意：后面其他【标准基本体】有【启用切片】选项，不再详细介绍。

● 【轴心在底部】：勾选此项后，沿着球体局部坐标 Z 轴，将自身坐标系原点移到球体底部，默认情况球体轴心在球体球心上。

注意：后面其他【标准基本体】有【轴心在底部】选项，不再详细介绍。

3.3.3　【圆柱体】

◆ 造型作用：用于创建圆柱、棱柱以及其他变体，在室内、家具设计中经常用于创建圆腿、柱子、圆木棒、栏杆、扶手、滚轮、圆形桌面等，如图 3 – 17 所示。

◆ 创建操作：点击命令面板【创建】 ，在【几何体】 下单击【标准基本体】 标准基本体 中的 圆柱体 ，在视图中单击鼠标左键并拖动确定底圆中心与底圆半径两个参数值。松开鼠标拖动确定高度参数值，【圆柱体】参数卷展栏如图 3 – 18 所示。

图 3 – 17　茶几中的圆柱、滚轮

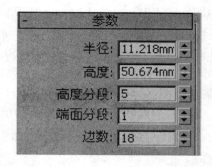

图 3 – 18　【圆柱体】参数卷展栏

【圆柱体】参数详解：

- 【半径】：设置圆柱体底圆半径大小。
- 【高度】：设置圆柱体高度大小。
- 【高度分段】：设置圆柱体高度方向分段段数。通常情况为 1，需要向复杂形体编辑变体时，高度分段值需要适当提高。
- 【端面分段】：设置圆柱体端面方向分段段数。通常情况为 1，端面分段值一般使用默认值，很少改变。
- 【边数】：设置圆柱体底圆有多少条边组成，也决定着圆柱体圆柱面有多少个面组成，图 3 – 19 为不同边数对圆柱体效果的影响。

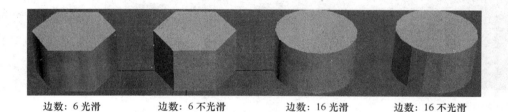

边数：6 光滑　　　边数：6 不光滑　　　边数：16 光滑　　　边数：16 不光滑

图 3 – 19　【光滑】选项与【边数】设置不同对比

案例：【长方体】、【圆柱体】综合应用制作茶几

　　家具设计、空间设计上，客厅是主要的生活空间，大部分休闲时间在客厅度过，尤其是一家人在一起，客厅承载众多功能。

　　3DSMAX 计算机辅助设计最为重要的一点就是逼真地模拟现实，用户在利用 3DSMAX 建模过程中，一切要与现实贴近吻合。如果在建模过程中尺度比例大小都与现实产品尺度格格不入，产品的美观、神韵、气质也会很差。

　　要利用 3DSMAX 建出美观、精致、逼真的家具模型，用户需要对家具的材料尺寸、功能尺寸有准确的把握，比如玻璃厚度一般是 3mm、5mm、7mm、9mm、12mm、15mm，有些初学者把玻璃厚度尺寸做成 50mm、60mm，这样做出来已经不像家具了。同时，设计师对茶几的尺度也要熟悉。

茶几分为方几、长几、圆几。方几有:800mm × 800mm、1000mm × 1000mm、1050mm × 1050mm、1200mm × 1200mm、1300mm × 1300mm;长几有:800mm × 1200mm、1000mm × 1200mm、1000mm × 600mm、1100mm × 650mm。茶几的高度一般以 50 为模数,有 300mm、350mm、400mm、450mm、500mm、550mm 等,根据设计风格和生活方式选择。当然,上述尺寸可以变化,但是不能无限制变化,须以上述尺寸为基础增大或减小。

茶几建模:

(1)启动与单位设置 启动 3DSMAX2012,设置单位为毫米(mm)。

(2)创建茶几上面板 点击命令面板【创建】 ，在【几何体】 下单击【标准基本体】 标准基本体 ，单击 长方体 。在顶视图单击鼠标左键并拖动创建一个长方体,作为茶几上面板,随后点击 进入【修改】面板,修改对象参数,在对象参数框中输入长度为 1000,宽度为 1200,高度为 12,如图 3 – 20 所示。

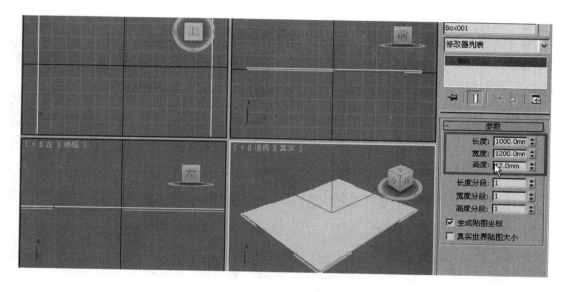

图 3 – 20 创建长方体

注意:创建对象的时候,都是先点击命令面板【创建】 在视图中单击并拖动创建对象,这时候很难生成准确尺寸。需要随后点击 ，在【修改】面板对象参数框中输入准确参数。

(3)制作茶几腿 点击命令面板【创建】 ，在【几何体】 下单击【标准基本体】 标准基本体 中的 圆柱体 ，在顶视图中单击鼠标左键并拖动生成圆柱体。单击 进入【修改】面板,修改圆柱体半径为 30,高度为 400,如图 3 – 21 所示。

(4)调整位置 单击工具栏【选择并移动】 按钮,在顶视图和前视图移动圆柱体到合适位置。在前视图中选择长方体,单击工具栏中 【对齐】,在前视图中点击圆柱体,勾选【当前对象】下【最小】,勾选【目标对象】下【最大】,同时勾选【Y 位置】,点击【应用】与【确定】,如图 3 – 22 所示。茶几面板下表面与圆柱体上端对齐。

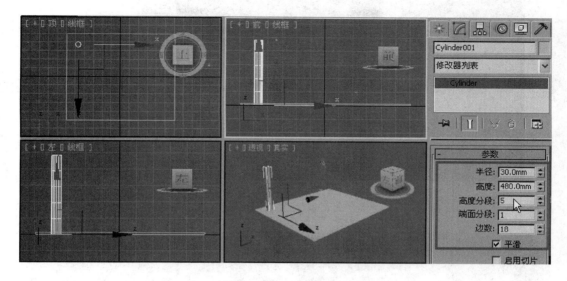

图 3 – 21　创建圆柱体

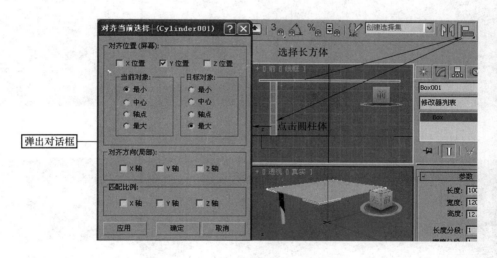

图 3 – 22　对齐

（5）复制相同对象　在顶视图选择圆柱体，单击 ⊕ 按钮，光标放在圆柱体上锁定 X 轴，按住 Shift ＋鼠标左键拖动物体，在适当位置同时松开 Shift 与鼠标左键。在弹出的【克隆选项】对话框中点选【实例】复选框，然后单击【确定】，如图 3 – 23 所示。在顶视图选择两个圆柱体，点击工具栏 ⊕ 按钮，锁定 Y 轴复制另两圆柱腿，如图 3 – 24 所示。在前视图选择长方体，单击 ⊕ 按钮，按住 Shift ＋鼠标左键，光标放在 Y 轴锁定拖动到适当位置，同时松开 Shift 与鼠标左键，复制茶几搁板，如图 3 – 25 所示。

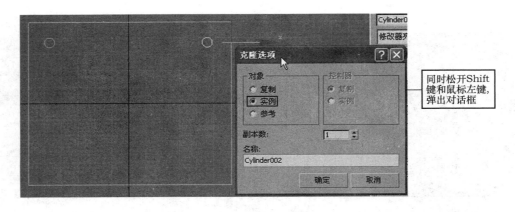

图 3-23 复制茶几腿

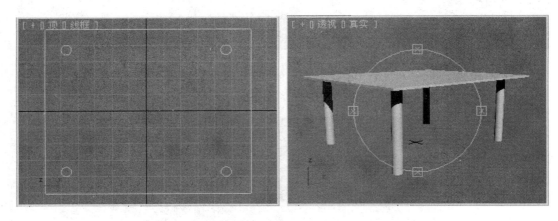

图 3-24 茶几腿制作完成

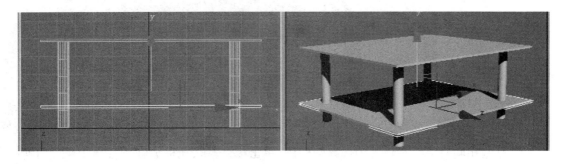

图 3-25 复制搁板

（6）保存文件 按 Ctrl+S 键，弹出保存文件对话框，在【文件名】框中输入"茶几"，点击【保存】，如图 3-26 所示。此时茶几基本完成，当然这只是模型，再赋予材质和效果渲染才能得到和现实照片一样的效果。

综合应用实践成果如图 3-27 至图 3-30 所示。

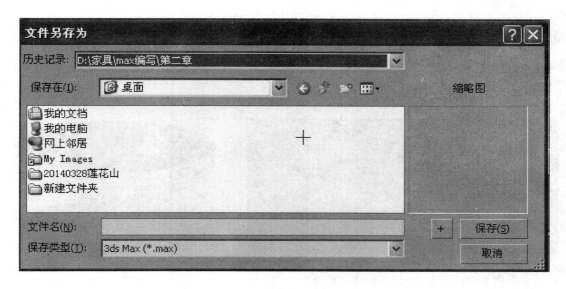

图 3 - 26　保存文件

图 3 - 27　茶几 I

图 3 - 28　电视柜 I

图 3 - 29　茶几 II

图 3 - 30　电视柜 II

3.3.4 【管状体】

◆ 造型作用:用于创建各种家具圆面板的包边、带孔的圆板、见孔装饰圆管等,如图 3 - 31 和图 3 - 32 所示。

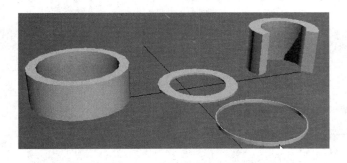

图 3 - 31 【管状体】能创建的几何形态

图 3 - 32 圆茶几

◆ 创建操作:点击命令面板【创建】 ☀ ,在【几何体】 ◎ 下单击【标准基本体】 标准基本体 ,在列出的 标准基本体中单击 管状体 。在顶视图点击,确定 圆心并按住鼠标左键拖动到合适位置,确定【半径 1】;松 开鼠标,拖动到合适位置点击,确定【半径 2】,再拖动鼠 标确定圆管高度。【参数】卷展栏如图 3 - 33 所示。

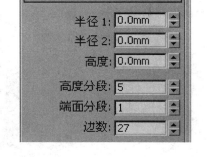

图 3 - 33 【管状体】参数面板

【管状体】参数详解:

● 【半径 1】:控制圆管内外两圆中其中一个圆的 半径。

● 【半径 2】:控制圆管内外两圆中其中一个圆的 半径。

● 【半径 1】与【半径 2】差值就是圆管的壁厚度。

● 【高度】、【高度分段】、【端面分段】、【边数】与圆柱体参数含义以及操作一样,就不再 讲解,如有疑惑请参照圆柱体相同参数。

案例:【圆柱体】、【管状体】综合应用制作金属玻璃茶几

茶几基本尺寸已在前文讲述,建模时以基本尺寸为依据。

(1)启动与单位设置 启动 3DSMAX2012,设置单位为毫米(mm)。

(2)创建茶几上面板 点击命令面板【创建】 ☀ ,在【几何体】 ◎ 下单击【标准基本体】 标准基本体 ,单击 管状体 ,在顶视图创建一个管状体。点击 ◎ 进入【修改】 面板,修改对象参数,在对象参数框中输入半径 1 为 1000,半径 2 为 990,高度为 30,边数为 36,如图 3 - 34 所示。点击命令面板【创建】 ☀ ,在【几何体】 ◎ 下单击【标准基本体】 标准基本体 中的 圆柱体 ,在顶视图拖动生成圆柱体作为茶几中间圆形面板。 单击 ◎ 进入【修改】面板修改圆柱体半径为 985,高度为 20,如图 3 - 35 所示。

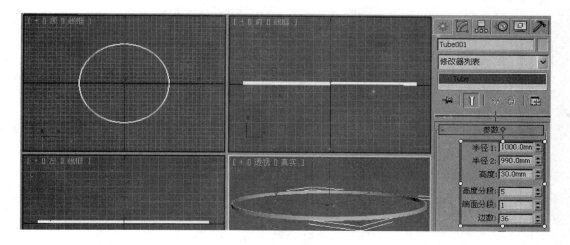

图 3 – 34　创建台面板金属包边

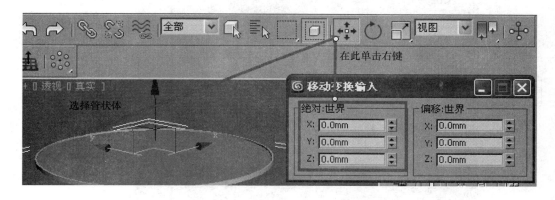

图 3 – 35　创建面板

（3）台面中心与原点一致　选择管状体，如图 3 – 35 所示，在工具栏【选择并移动】上单击右键，在弹出的【移动变换输入】框【绝对：世界】栏下将 X、Y、Z 数值都设为 0mm，这样圆心位置与原点对齐。选择圆柱体，重复前一步操作。

（4）确定茶几台面高度　在前视图同时选择圆柱体和管状体，在工具栏【选择并移动】上单击右键，在弹出的【移动变换输入】对话框【偏移：世界】X、Z 数值都设为默认值 0mm。Y 数值框中输入 465 后【回车】确认，确定茶几台面高度。

（5）复制相同对象　在前视图选择管状体，单击按钮，将光标放在圆柱体上锁定 Y 轴，按住 Shift + 鼠标左键拖动进行复制，在适当位置同时松开 Shift 与鼠标左键。在弹出的对话框中勾选【实例】，然后单击【确定】，如图 3 – 36 所示。在前视图选择最上面的管状体与圆柱体，单击按钮，将光标放在圆柱体上，锁定 Y 轴，按住 Shift + 鼠标左键拖动进行复制，在适当位置同时松开 Shift 与鼠标左键，在弹出的对话框中勾选【实例】，然后单击【确定】按钮，如图 3 – 37 所示。

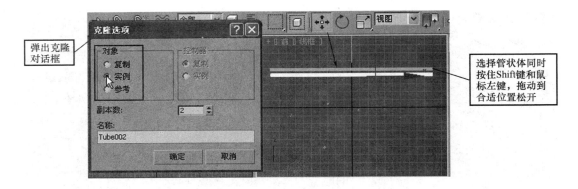

图 3 - 36　复制金属边

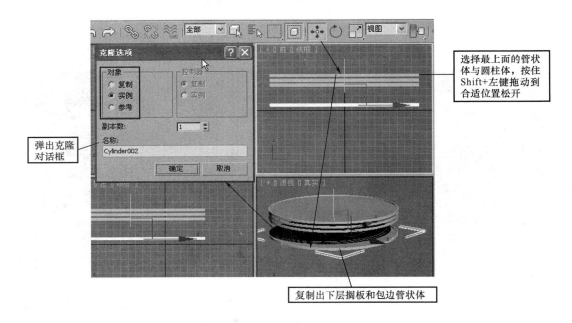

图 3 - 37　复制面板及金属边

（6）创建茶几边部金属腿　点击命令面板【创建】，在【几何体】下选择【标准基本体】标准基本体，单击　长方体　。在顶视图单击鼠标左键并拖动，创建一个长方体作为茶几腿。随后点击进入【修改】面板，修改对象参数，在对象参数框中输入长度为40，宽度为20，高度为500，如图 3 - 38 所示。

（7）调整位置　在顶视图选择长方体，单击工具栏中【对齐】按钮，在前视图点击圆管，勾选【当前对象】下【中心】，勾选【目标对象】下【中心】，勾选【Y位置】，点击【应用】；然后再勾选【X位置】，勾选【当前对象】下【最小】，勾选【目标对象】下【最大】，点击【应用】与【确定】按钮，如图 3 - 39 所示；操作结果如图 3 - 40 所示。

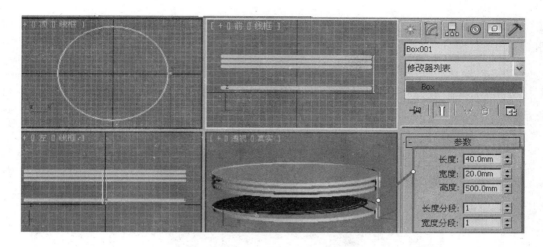

图 3 – 38　创建金属腿

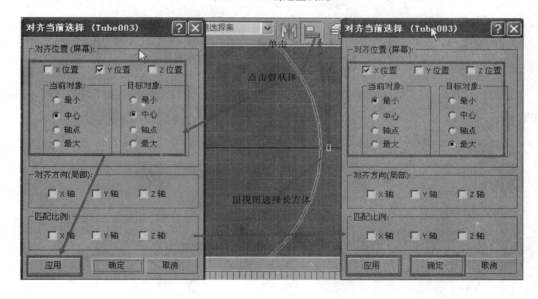

图 3 – 39　腿与金属边对齐

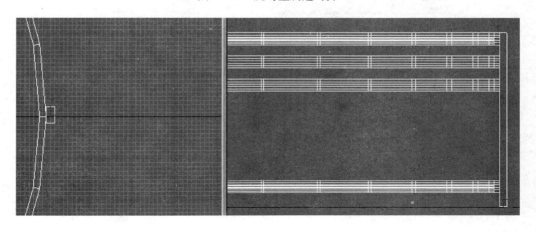

图 3 – 40　操作结果放大查看

完成上述步骤后,金属长方体腿就紧贴管状体,而且是贴合面的中线与管状体相切。

(8)阵列　在前视图选取长方体并按空格键锁定🔒选择。点击【参考坐标系】视图下拉按钮,选择拾取,在透视图中选择圆柱体,参考值坐标系就变成了Cylinder0,如图 3 – 41 所示。

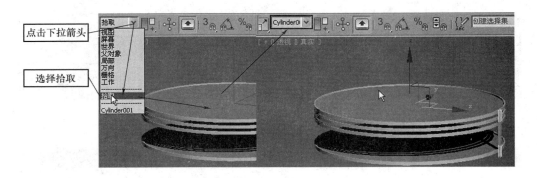

图 3 – 41　阵列复制其他腿

完成以上步骤在主工具栏空白处单击右键,在附加工具栏点击【阵列】按钮,如图 3 – 42 所示。在弹出的对话框中设置阵列参数,如图 3 – 43 所示。

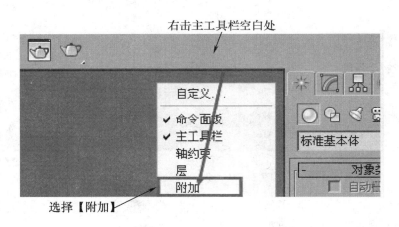

图 3 – 42　调用阵列命令

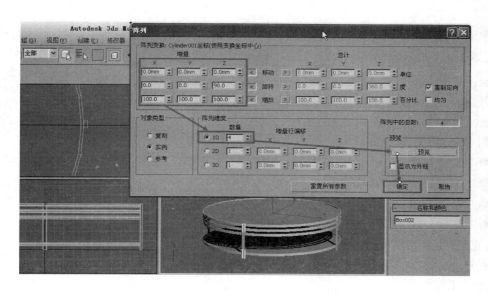

图 3 – 43　设置阵列参数

3.3.5　【平面】

◆ 造型作用:用于创建室内地面,通过变体可以制作欧式沙发软包和中式窗格、软包以及丰富的家具造型,如图 3 – 44 至图 3 – 47 所示。

图 3 – 44　软包床屏　　　　　　　　　　　　　　　图 3 – 45　中式花格窗

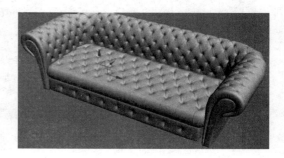

图 3 – 46　桌布　　　　　　　　　　　　　　　　　图 3 – 47　欧式沙发

◆ 创建操作：点击命令【创建】 ，再点击【几何体】 ，单击【标准基本体】中的【平面】 平面 。在顶视图点击确定第一个点，并按住鼠标左键拖动到合适位置松开，确定平面位置与大小，其【参数】展卷栏如图3－48所示。

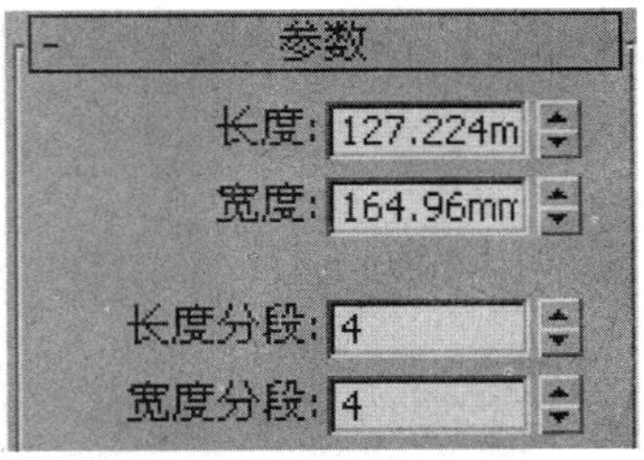

图3－48　【参数】卷展栏

【平面】参数详解：

- ●【长度】：决定平面长度尺寸。
- ●【宽度】：决定平面宽度尺寸。
- ●【长度分段】：长度上分段段数。
- ●【宽度分段】：宽度上分段段数。

案例：应用【平面】制作床屏软包

家具上有许多方形分格软包（如床屏），各种面板根据风格需要也会进行分格软包制作，以增加设计细节。

启动3DSMAX2012，设置单位为毫米（mm）。点击命令面板【创建】 按钮，单击【几何体】 按钮，选择【标准基本体】 标准基本体 中的 平面 ，在前视图创建一个平面。确认刚创建的平面处于选中状态，单击【修改】 ，修改平面参数长度为150，宽度为150，长度分段为20，宽度分段为20，如图3－49所示。在前视图选择刚创建的平面，单击 进入【修改】面板，如图3－50所示，单击【修改器列表】 修改器列表 右边 下拉箭头，选择【FFD 4×4×4】修改器。并点击 FFD 4x4x4 前面的 ，点击【控制点】，使其反黄显示（此处黑色），如图3－51所示。

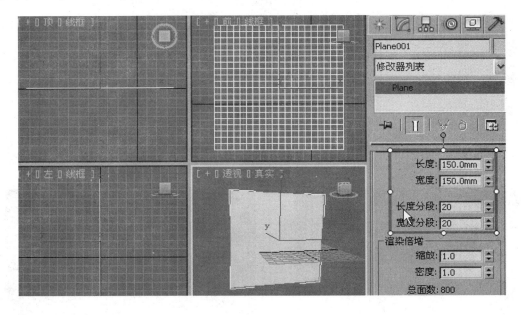

图3－49　创建平面

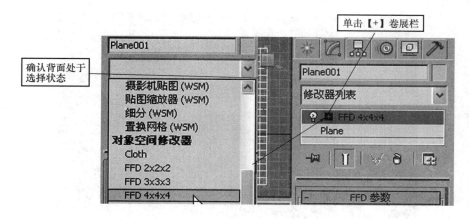

图 3-50 添加 FFD 修改器

图 3-51 激活次物体

在工具栏点击【选择并移动】工具,在透视图上框选中间控制点(见图 3-52),选择后按空格键锁定选择,并在左视图上移动控制点到如图 3-53 所示位置。平面中间随控制点的移动而隆起。继续锁定刚才选择的控制点,单击,进行缩放,以便中间隆起强烈减缓,边部隆起加强,如图 3-54 所示。

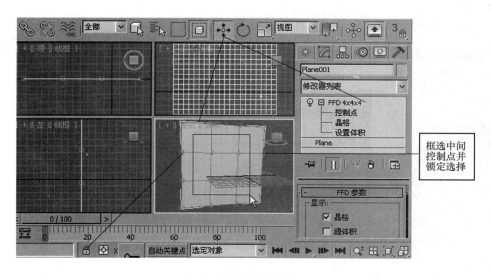

图 3-52 移动控制点

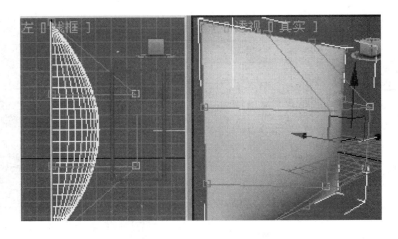

图 3 – 53　移动控制点效果

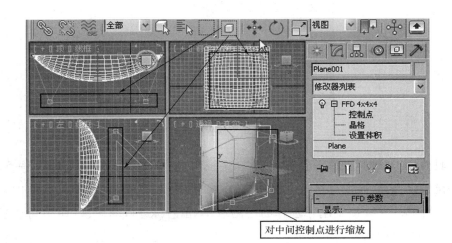

图 3 – 54　缩放控制点

右键单击【捕捉】 按钮，在如图 3 – 55 所示对话框中取消【格栅点】，勾选【顶点】。

图 3 – 55　捕捉设置

关闭【控制点】次物体,点击工具栏【选择并移动】 ✛ 按钮,并在前视图上选择平面,将光标放在左上角顶点上,这时会出现捕捉光标,按住 Shift + 鼠标左键,对物体进行复制,并将开始复制的基点捕捉到原始物体右上角点,同时松开 Shift + 鼠标左键,在弹出的【克隆选项】面板进行设置(见图 3 – 56),结果如图 3 – 57 所示。

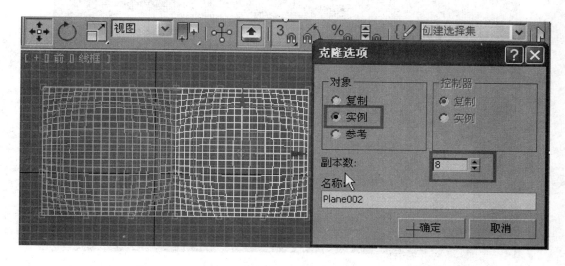

图 3 – 56　实例复制

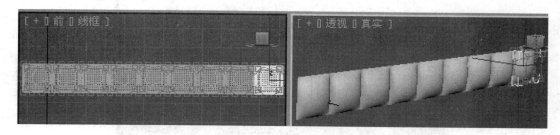

图 3 – 57　复制效果

图 3 – 58 是设计的预期效果,将前视图设置为当前视图,选择所有平面复制,将光标放在左上角顶点上,这时会出现捕捉光标,按住 Shift + 左键,并将开始复制的基点捕捉到原始物体左下角点。同时松开 Shift + 鼠标左键,在弹出的【克隆选项】面板进行设置(见图 3 – 59),然后根据所学知识制作外框,得到如图 3 – 60 所示整体效果。

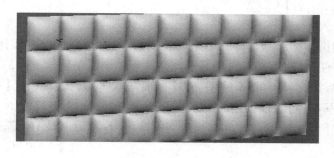

图 3 – 58　重复复制效果

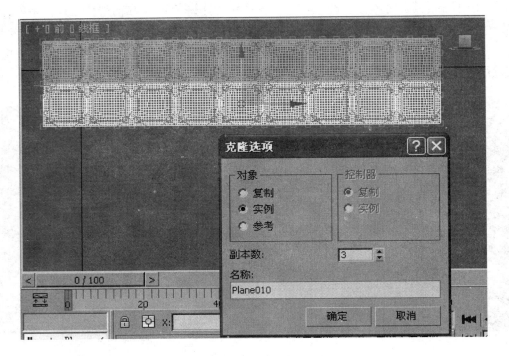

图 3－59　复制设置

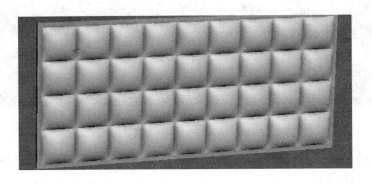

图 3－60　整体效果

3.4 【扩展基本体】建模

前文已经详细讲述标准基本体的用途以及创建方法,这些标准基本体在创建简单规整的形体方面确实方便快捷,但是有一些需要倒角的形体则需要后续复杂的编辑,这样操作起来繁琐且费时费力,为此,3DSMAX 除了提供【标准基本体】外,还提供了【扩展基本体】来完成一些应用【标准基本体】难以创建的形体。

点击命令面板【创建】 ，在【几何体】 下单击【标准基本体】 标准基本体 右

侧的 下拉式按钮,从下拉列表中选择【扩展基本体】,出现【扩展基本体】创建面板,面板与各扩展基本体形态如图 3－61 所示。

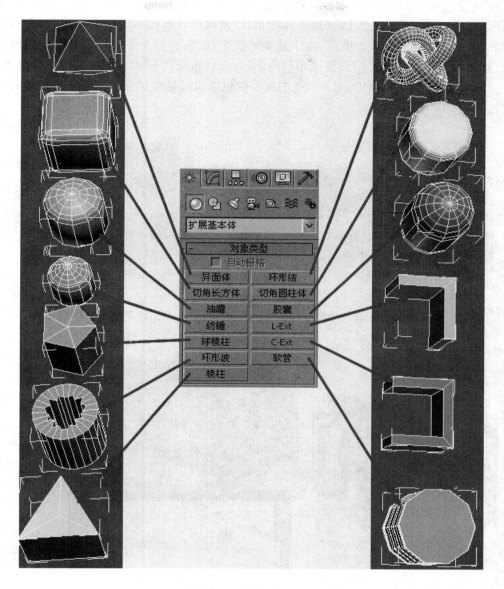

图 3－61　各扩展基本体对应几何体形状

　　应用【扩展基本体】创建命令面板能创建异面体、环形结、切角长方体、切角圆柱体、油罐、胶囊等十三种物体。

　　◆ 创建操作:启动 3DSMAX 后,在系统默认界面右边有命令面板,点击【创建】 —【几何体】 —【扩展基本体】 扩展基本体 ,再点击【异面体】或【切角长方体】或【切角圆柱体】就可以创建这些物体。

3.4.1 【切角长方体】

◆ 造型作用:切角长方体可以直接创建导圆角或导直角的长方体,也可以通过后续编辑生成复杂的变体,切角长方体及其变体在家具、室内设计建模中应用广泛,例如家具的各种桌面板,尤其是油漆饰面的面板,由于油漆的流平性,各类板类零部件的各个相邻面都有圆角过渡,可用【切角长方体】设置微小倒角创建;在软体家具中,如图 3 - 62 所示沙发坐垫,图 3 - 63 所示沙发靠背、软垫,图 3 - 64 中扶手软包结构都是直接应用切角长方体或其变体来创建。

图 3 - 62　现代沙发

图 3 - 63　经典沙发

图 3 - 64　办公沙发

◆ 创建操作:倒角长方体需要点击并拖动鼠标三次来完成,点击【创建】 ＊ —【几何体】 ⊙ —【扩展基本体】 扩展基本体 ▼ ,在对象类型下点击 切角长方体 按钮。然后在顶视图点击鼠标左键并按住不放拖动鼠标到合适位置松开左键,确定切角长方体的长度、宽度和位置,然后再拖动鼠标到合适位置点击鼠标左键确定高度,再拖动鼠标到合适位置,确定圆角半径。其参数卷展栏如图 3 - 65 所示。

图 3 - 65　【参数】卷展栏

【切角长方体】参数详解:

●【长度】、【宽度】、【高度】:与标准基本体中的长方体一样,这里不再重复讲述。

●【圆角】:确定倒角长方体倒角圆半径的大小,决定倒角长方体的圆润程度。当数值为 0 时,倒角长方体就变成长方体。图 3 - 66 所示是一个长度、宽度、高度分别为 100、100、50 的倒角长方体,分别设置不同的倒角半径,出现不同的外观造型变化。

图 3 - 66　不同圆角外观对比

注意:【圆角】的值能无限制提高,但提高到一定程度后对圆角就没有影响了,最大值不能超过【长度】、【宽度】、【高度】三个数值中最小的值的一半,比如上述长度、宽度、高度分别为 100、100、50,那么【圆角】值最大只能是 25,超过这个值对物体形态就不起作用了。

●【圆角分段】:此数值决定圆角光滑程度,默认值为 3,具体要看【圆角】值的大小以及效果精细程度的要求。以长度、宽度、高度分别为 100、100、50,圆角值为 10 的倒角长方体为例,设置不同圆角段数的效果如图 3 - 67 所示。

图 3 - 67　不同圆角分段对比

案例：应用【切角长方体】制作沙发

沙发是客厅非常重要的家具，也是人体接触最多、使用最频繁的家具，会客、看电视、家人聊天或躺或坐的小憩，都在沙发上进行，很多家具造型设计初学者对沙发尺寸知之甚少，建模时尺寸大小随意设置，导致所建沙发尺寸离奇而离沙发应有形态相去甚远。这里将详细介绍沙发基本尺寸，3DSMAX 家具造型初学者有必要认真关注，并将沙发建模以此为基础进行尺度设计。

家用沙发要体现舒适性，一般来说，单人沙发扶手高度为 250mm 左右（这里指离座面距离），扶手宽度没有严格尺寸，根据是软体扶手还是实木扶手，根据经验和使用舒适性，软体扶手宽度一般为 200mm 左右。沙发整体尺度：坐高 350～420mm，坐深 500～650mm，每个座位宽 600mm，沙发靠背高度 850～1000mm。当然，上述尺寸根据风格可以调整，调整原则以不影响使用舒适度为原则。图 3-68 和图 3-69 所示为不同风格沙发尺寸。

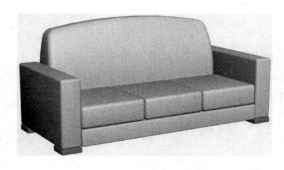

图 3-68　沙发　　　　　　　　　　　图 3-69　现代沙发

沙发建模：

（1）设置单位　单击启动 3DSMAX，设置系统单位为毫米。

（2）创建切角长方体　点击命令面板【创建】 ![icon]，在【几何体】 ![icon] 下单击【标准基本体】 标准基本体 右侧的 ![icon] 下拉式按钮，从下拉列表中选择【扩展基本体】，在选择对象类型下点击 切角长方体 按钮。在顶视图中单击并拖鼠标创建一个切角长方体，作为沙发底座。

（3）编辑切角长方体　确认切角长方体处于被选中状态，单击 ![icon] 进入【修改】面板，修改切角长方体长度为 650，宽度为 1800，高度为 150，圆角为 10，并命名为"底座"，如图 3-70 所示。

（4）创建坐垫　在顶视图中单击并拖鼠标创建一个切角长方体。确认刚创建的切角长方体处于当前物体状态，单击 ![icon] 进入【修改】面板，修改切角长方体长度为 650，宽度为 600，高度为 200，圆角为 10，并命名为"坐垫"。确认坐垫为当前物体，点击【选择并移动】 ![icon] 按钮并单击右键，如图在【Z】输入框中输入 150 后回车，如图 3-71 所示。

（5）调整坐垫位置　确认坐垫处于被选择状态，单击工具栏中【对齐】 ![icon] 按钮，在透视图点击沙发底座，勾选对应复选选项，点击【应用】—【确定】，如图 3-72 所示。

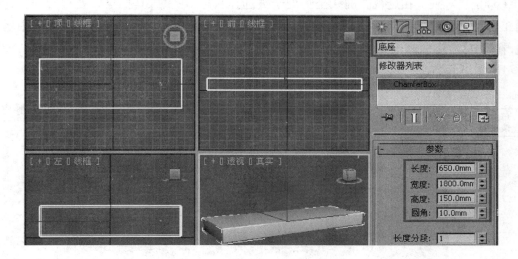

图 3 – 70　创建底座

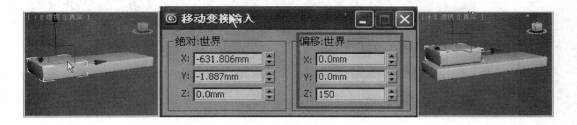

图 3 – 71　创建坐垫

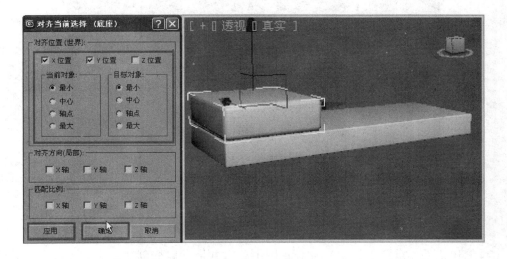

图 3 – 72　坐垫与底座对齐

（6）坐垫阵列　在透视图确认坐垫处于被选择状态,在主工具栏空白处右击,调出【附加】工具栏 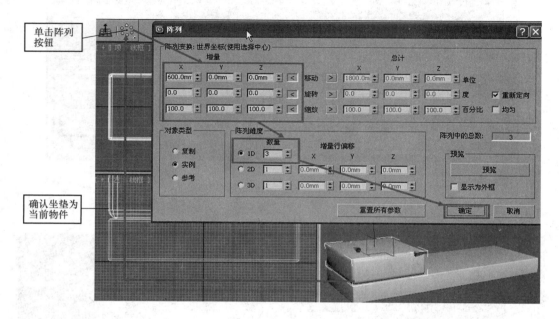,点击【阵列】 按钮。在弹出的对话框【增量】栏目【X】数值框中输入 600,在【1D】数值框输入 3,点击【确定】按钮,如图 3 – 73 所示。阵列复制三个坐垫,如图 3 – 74 所示。

图 3 – 73　坐垫阵列设置

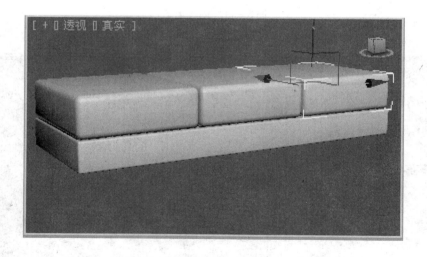

图 3 – 74　坐垫阵列

（7）创建扶手　重复步骤（2）,在顶视图中单击并拖动鼠标创建一个切角长方体并设为当前物体,单击 进入【修改】面板,修改切角长方体长度为 950,宽度为 180,高度为 600,圆角为 20,作为沙发左扶手,如图 3 – 75 所示。

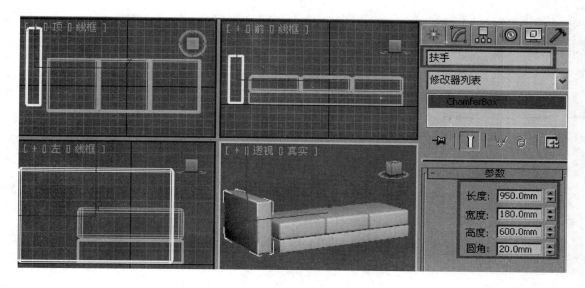

图 3 - 75　创建扶手

（8）调整并复制扶手　确认刚创建的左扶手处于被选择状态,点击工具栏中【对齐】 按钮,将沙发扶手与坐垫左右对齐、前面平齐,然后点击工具栏【选择并移动】 工具,同时按住 Shift 复制右边扶手,再点击工具栏中【对齐】 按钮将刚复制出的右扶手与坐垫左右对齐。由于篇幅有限,这里【复制】与【对齐】操作就不具体详细讲解,操作结果如图 3 - 76 所示。

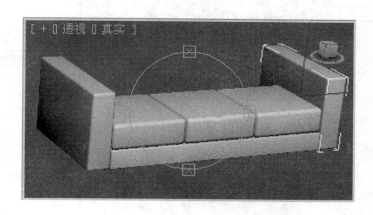

图 3 - 76　复制扶手

（9）创建靠背　重复步骤(2)、(3),在顶视图创建一个切角长方体,长度为 300,宽度为 1800,高度为 900,圆角为 20,作为沙发靠背,如图 3 - 77 所示。

目前靠背看上去很生硬,不符合人体工程学,家具舒适性具有心理上的亲和力,而且符合人体工程学的家具造型很多是与人体曲线相吻合,而本身人体曲线曲面又是最美的造型,下面对沙发靠背进行编辑。

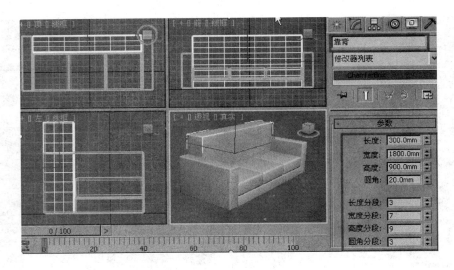

图 3-77　创建靠背

如图 3-78 所示,在顶视图选择靠背,单击 ![修改按钮] 进入【修改】面板,单击【修改器列表】 ![修改器列表] 右边 ![下拉箭头] 下拉箭头,选择【FFD 4×4×4】修改器,并打开【FFD 4×4×4】修改器子物体【控制点】,点击工具栏【选择并移动】 ![选择并移动按钮] 按钮,调整控制点,如图 3-79 所示。

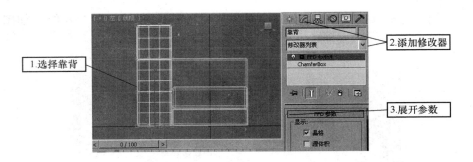

图 3-78　靠背添加 FFD 修改器

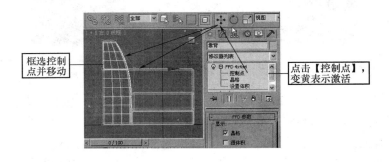

图 3-79　调整 FFD 控制点

如图 3 - 80,在前视图框选上排中间两排控制点,实际因为框选,从透视图可知其后面的控制点已选上并一起往上移动,调整后结果如图 3 - 81 所示。

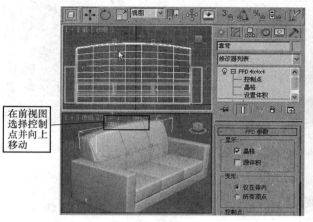

图 3 - 80　调整 FFD 控制点　　　　　　图 3 - 81　调整后整体模型

3.4.2 【切角圆柱体】

◆ 造型作用:可创建带有倒圆角或直角的圆柱体、棱柱体,图 3 - 82 和图 3 - 83 所示家具应用了有圆角的金属腿、圆柱形木腿、圆形玻璃面板,其他家具中圆形金属面板、圆形软包都可应用【切角圆柱体】创建。圆形玻璃面板、圆形金属面板、圆柱形木腿、圆柱形金属腿都必须进行倒角处理,建模就是要逼真地模拟现实,尽量贴近现实,至于是倒直角还是倒圆角,圆角和直角倒多大,那是设计美学要考虑的因素。

图 3 - 82　切角圆柱体家具

◆ 创建操作:点击命令面板【创建】 ,在【几何体】 下单击【标准基本体】 标准基本体 右侧的 下拉式按钮,从下拉列表中选择【扩展基本体】,在对象类型列表中点击 切角圆柱体 按钮,在顶视图点击鼠标左键并拖动到合适位置松开,确定切角圆柱

图 3 - 83 切角圆柱体家具

体半径,拖动鼠标到合适位置点击左键确定切角圆柱体高度,然后再拖动鼠标到合适位置点击左键确定圆柱体圆角半径,【切角圆柱体】的【参数】卷展栏如图 3 - 84 所示。

【切角圆柱体】参数详解:

●【半径】:与圆柱体的控制参数一样,确定横切圆大小。

●【高度】:与圆柱体的控制参数一样,确定切角圆柱体高矮。

●【圆角】:确定切角圆柱体倒角圆半径的大小,决定着切角圆柱体的圆润程度。当数值为 0 时,倒角圆柱体就变成圆柱体。

图 3 - 84 【参数】卷展栏

●【圆角分段】:此数值决定圆角光滑程度,默认值为3,具体情况要看圆角值的大小以及效果图精细程度的要求。

3.4.3 【异面体】

◆ 造型作用:在家具造型中较少用到。用异面体制作足球为例进行说明。

案例:应用【异面体】制作足球

点击命令面板【创建】 ,在【几何体】 下单击【标准基本体】 右侧的 下拉式按钮,从下拉列表中选择【扩展基本体】,在对象类型列表中点击 异面体 按钮,如图 3 - 85 所示。在透视图拖动鼠标创建一个异面体,如图 3 - 86 所示。确认切角异面体处于被选状态,单击 修改异面体参数,如图 3 - 87所示。

异面体变成了一个由五边形面和六边形面组成的几何体,具备了足球的雏形。在异面体上单击右键,将物体转化为可编辑网格物体,如图 3 - 88 所示。

图 3 - 85 点击【异面体】

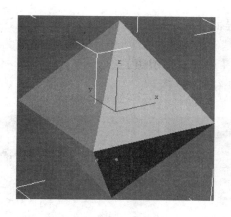

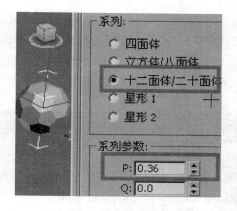

图 3 - 86　创建异面体　　　　　　　　图 3 - 87　设置参数

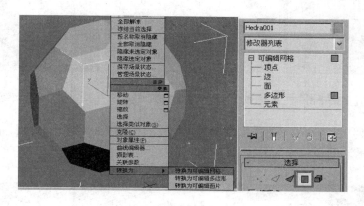

图 3 - 88　编辑多边形

在修改命令面板中点击多边形层级 ········ 多边形 ████进入次物体【多边形】层级,在透视图框选整个形体,选择全部多边形。在修改命令面板中选择【元素】,点击【炸开】按钮,将形体炸成分离的五边形面元素和六边形面元素,但它们还属于整体,如图 3 - 89 所示。

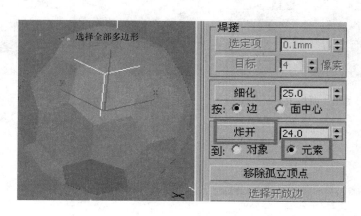

图 3 - 89　炸开成元素

　　退出次物体【多边形】层级,回到父层级,给异面体添加【网格平滑】修改器,设置迭代次数为1,如图3-90所示。在【网格平滑】修改器基础上再添加【球形化】修改器,参数为默认如图3-91所示。再添加【体积选择】修改器,在【堆栈选择层级】选取【面】,如图3-92所示。再添加【面挤出】修改器,将数量设置为1,如图3-93所示。

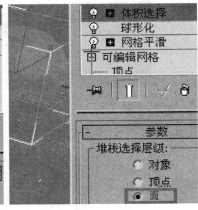

图3-90　添加【网格平滑】　　　　图3-91　添加【球形化】　　　　图3-92　添加【体积选择】

　　在【修改器列表】中再次添加【网格平滑】修改器(见图3-94),修改【面挤出】参数,结果如图3-95所示。图3-96为异面体各修改阶段的结果。

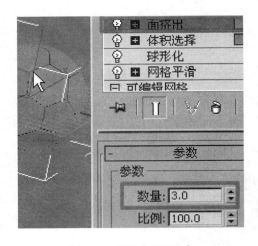
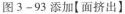
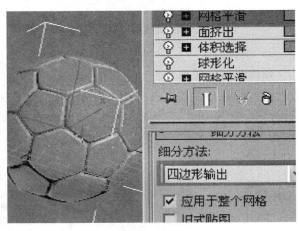

图3-93 添加【面挤出】　　　　　　　图3-94　添加【网格平滑】

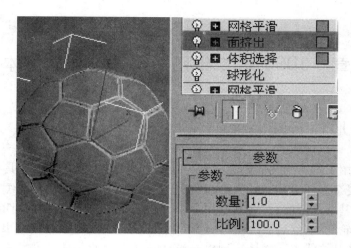

图 3－95　修改【面挤出】参数

图 3－96　各步骤对象外观对比

第 4 章　3DSMAX 二维图形与二维到几何体修改

4.1　二维图形对于 3DSMAX 建模意义

前文已经介绍了基本的几何体建模和扩展基本体建模,但是应对家具各种造型建模还相对有限,对于复杂形体更是无能为力,现在开始,学习二维图形建模与编辑。通过二维图形能够创建许多基本几何体、扩展基本体命令无法创建的三维模型。早期制作效果图就是在纸上绘出物体轮廓线,然后添加明暗、色彩、材质进行润色,构成精美效果图。在艺术设计基础中,应用物体结构线表达物体造型也是设计效果表达的一种基本方式。二维图形就是数学中所说的线性物体,线由顶点和线段构成,应用二维图形可以创建许多复杂的家具模型。二维图形是三维造型的基础,很多家具造型需要应用二维建模来创建。

3DSMAX 中的二维图形是一种矢量线,由基本的顶点、线段和样条线等元素构成。对二维图形进行编辑,转换成三维模型,即可创建复杂造型,如图 4 - 1 至图 4 - 3 所示。

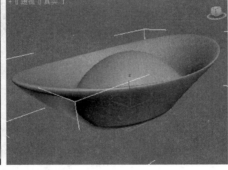

　　图 4 - 1　镜框　　　　　　　　图 4 - 2　金元宝　　　　　　　图 4 - 3　金属管椅

前文中应用几何体制作了一些造型简单的家具,几何体无法制作复杂模型,我们需要更方便、更灵活的建模方法,这就是下面要学习的二维图形以及怎样编辑创建三维物体。

3DSMAX 图形有三类:样条线、NUBS 曲线和扩展样条线。NUBS 曲线复杂而且不是很完善,在家具造型建模中应用较少;扩展样条线的功能可以很容易由样条线来完成,所以本书重点介绍样条线的创建和编辑。

4.2　二维图形【样条线】基本知识

Autodesk 有一款软件是 Autocad,核心就是绘制生成工程图样,工程图样主要以二维图形为主,3DSMAX 也有二维图形,但它的主要目的不是生成精准的二维工程图样,而是为三维建模,尤其是生成非标准的复杂异形的几何体而准备,当然也可以作为动画的路径,在前面有些建模或基本知识的讲解过程中,我们用到过简单的 MAX 二维图形,下面要开始全面详尽地学习 MAX 二维图形,并应用其创建复杂的家具模型。

4.2.1　二维图形【样条线】面板

◆【样条线】类型:启动 3DSMAX 后,在系统默认界面右边的命令面板点击【创建】※—【图形】⬚—【样条线】　　　　　　　　　样条线　　　　　　　🔽,就可以创建线、矩形、圆、椭圆、弧、圆环、多边形、星形、文本等 11 种样条线,如图 4 - 4 所示。

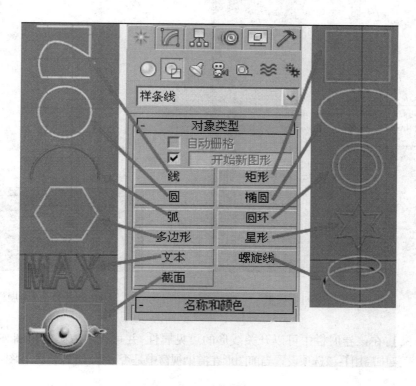

图 4 - 4　各样条线图形形态

◆【样条线】创建操作:单击 3DSMAX 创建命令面板中的 ⬚【图形】按钮,在【样条线】　　　　　　　样条线　　　　　🔽 下【对象类型】—　　　对象类型　　　卷展栏中列出了 11 种类型,分别是:线、圆、弧、多边形、文本、截面、矩形、椭圆、圆环、星形、螺旋线。

◆ 二维图形按照创建不同分成三种类型:

● 第一类:拖动鼠标一次完成的,包括矩形、圆、椭圆、多边形、文字、截面。
● 第二类:拖动鼠标两次完成的,包括线、弧、圆环、星形。
● 第三类:拖动鼠标三次完成的,螺旋线。

4.2.2 【样条线】基本参数

11 种类型的样条线有些展卷栏包括其参数都是一样的,这些展卷栏是:【渲染】、【插值】、【键盘输入】,如图4-5和图4-6所示。其中,【键盘输入】用的较少,这里不作讲解。

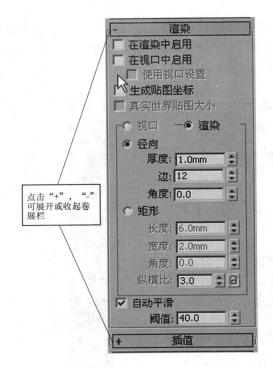

图4-5 【渲染】卷展栏   图4-6 【差值】卷展栏

◆ 【渲染】:在该卷展栏中可以开关线形的可见属性,并可设定渲染的粗细和贴图坐标。

● 【在渲染中启用】:该选项设置当前图形在渲染视窗中是否可见,如图4-7和图4-8所示。

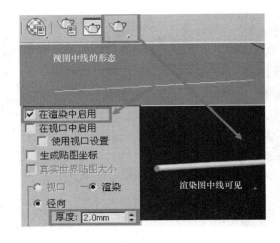

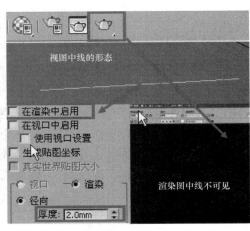

图4-7 【在渲染中启用】开启   图4-8 【在渲染中启用】关闭

●【在视口中启用】：该选项设置当前图形在绘图视窗中是否可见。样条线在视窗中如图 4 – 9 所示，左边为关闭情况，只有长度没有大小，右边为开启情况，不但有长度而且有大小。

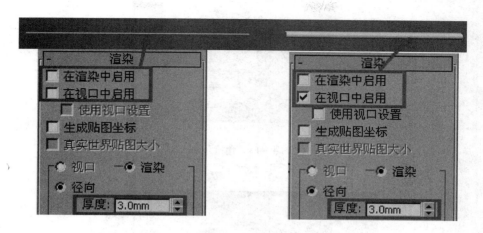

图 4 – 9　【在视口中启用】开启与关闭对比

●【径向】：选中该选项，图形线横截面为正多边形，才可进行厚度、边数和角度设置。
●【厚度】：设置图形可见时的大小粗细，图 4 – 10 所示为不同厚度图形大小情况。

厚度=1　　　　　　厚度=6　　　　　　厚度=12

图 4 – 10　不同厚度设置对比

●【边】：设置可见线形端面正多边形的边数，边数越多越光滑，如果设定为 4，得到一个正方形端面。图 4 – 11 和图 4 – 12 所示为设置不同边数情况对比。

图 4 – 11　边数值 4

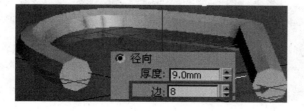

图 4 – 12　边数值 8

●【角度】:设置渲染可见图形为以线形剖面中心轴旋转的角度。边数较少时容易观察效果,边数较多时效果不明显,图 4-13 和图 4-14 所示为设置不同角度情况对比。

图 4-13 角度值 0

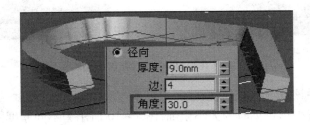

图 4-14 角度值 30

●【使用视口设置】:只当【在视口中启用】选项勾选后,此项才可选用,勾选此项,图形大小与【厚度】参数无关,而是依据视图设置将可渲染线形的大小在视图中显示,一般情况下不勾选此项。

●【矩形】:选中该选项后,【径向】下的【厚度】、【边数】和【角度】参数被冻结不可用,取消【径向】选项后,【矩形】下的【长度】、【宽度】、【角度】、【纵横比】才能被激活使用,如图 4-15 所示。

●【长度】、【宽度】:可渲染图形线的长度值、宽度值,这里不再讲解,读者自行进行设置。这里的【角度】与【径向】下的【角度】的设置方法与参数意义一致。

●【纵横比】:可渲染图线矩形横截面的长度与宽度的比值,如图 4-16 所示。

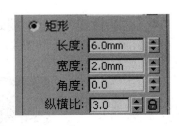

图 4-15 【矩形】参数

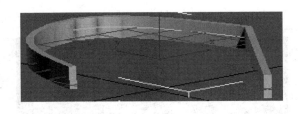

图 4-16 纵横比变化效果

● 【生成贴图坐标】:勾选此选项后,为可渲染的图形指定默认的贴图坐标。

● 【自动平滑】:勾选此选项后,图形以光滑的形式显示。

◆ 【插值】:用于设置样条线曲线的【步数】,也就是曲线图形上两个顶点间短直线段数量,步数越多曲线越光滑,如图 4 – 17 所示。

图 4 – 17　【插值】参数

● 【步数】:用于设置样条线上曲线段两个顶点之间的步数,图 4 – 18 所示为同一样条曲线设置不同步数的外观形态。

● 【优化】:勾选此项,MAX 系统自动合理地对图形步数进行优化配置。

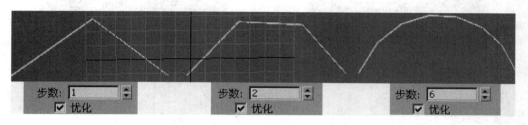

图 4 – 18　不同步数对比

● 【自适应】:勾选此项,MAX 系统自动对图形进行步数设置,曲线通常变得非常光滑,步数多少由 MAX 系统根据内部程序自动设置,由于样条曲线通常变得非常光滑,同时样条曲线线段会成倍增加,计算运算量也会成倍增加,MAX 系统运行速度会变慢。图 4 – 19 所示为【自适应】勾选与否情况对比。

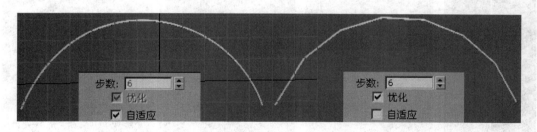

图 4 – 19　曲线自适应与否对比

● 【创建方法】:不同的图形【创建方法】卷展栏有所不同,如图 4 – 20 所示。

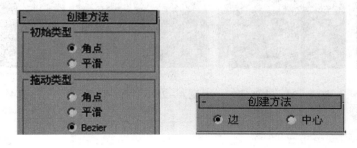

图 4 – 20　不同图形【创建方法】栏不同

● 【键盘输入】：不同类型样条线【键盘输入】卷展栏也不同,这里不详述。如图 4-21 和图 4-22 所示。

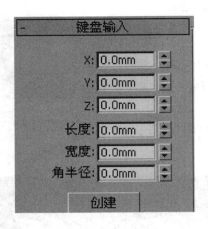

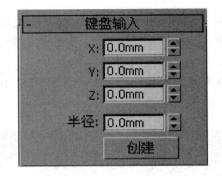

图 4-21　矩形【键盘输入】栏　　　　图 4-22　圆【键盘输入】栏

4.3 【线】

线有直线和曲线之分,线是二维图形最基本的单位,如图 4-23 至图 4-26 所示,在 3DSMAX 中【线】既可创建直线也可创建曲线,还可以创建曲直一体线。

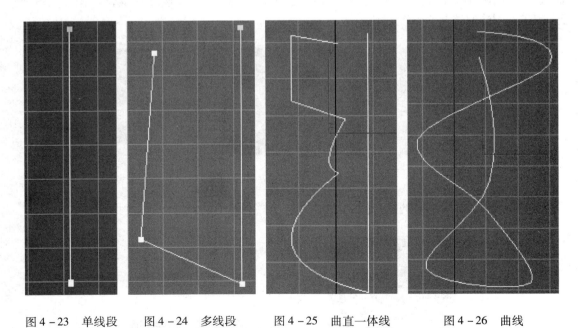

图 4-23　单线段　　　图 4-24　多线段　　　图 4-25　曲直一体线　　　图 4-26　曲线

4.3.1　【线】创建

◆ 创建操作:启动 3DSMAX,点击命令面板【创建】 ✳ ,点击 ⊙ 【图形】按钮,在【样条线】 样条线 ⌄下【对象类型】 — 对象类型 卷展栏中单击【线】 线 按钮就可以创建线,如图 4 – 27 所示。

　　在 3DSMAX 视图中单击鼠标左键,确定线的起始,然后移动光标到适当位置单击鼠标左键,确立线段另一个点,这样就创建了一条直线段(见前文图 4 – 23)。

　　如果需要连续创建,继续移动光标到合适的位置再单击左键,确定下一个点,依次创建二维线段(见前文图 4 – 24)。

　　如果想创建曲线段,可以在单击下一个点时按住鼠标不放,继续拖曳,再拖到另一个点上,单击鼠标右键,即可结束操作(见前文图 4 – 26)。

　　创建曲线还是创建直线,不仅和鼠标操作方式有关,最主要还是由【创建方法】的设置决定,如图 4 – 28 所示。

图 4 – 27　【样条线】面板

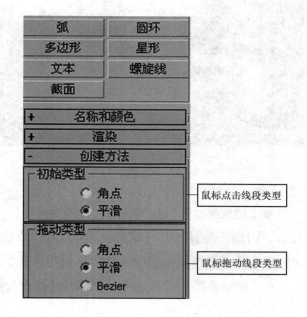

图 4 – 28　线创建方法

4.3.2　不同【线】形态

◆ 起点与当前点重叠的闭合与非闭合

　　3DSMAX 在绘制线形后,线的起点和绘制的当前点(第三个点以上)重叠在一起时(5 个像素之内距离),将会弹出【样条线】对话框。在对话框中提醒用户:"是否闭合样条线",如果需要封闭,可在该面板中单击【是(Y)】,否则单击【否(N)】。

　　当起点与当前点重叠,在图 4 – 29 所示弹出的对话框选择【是(Y)】,线闭合,如图 4 – 30 所示。

图 4-29　对话框

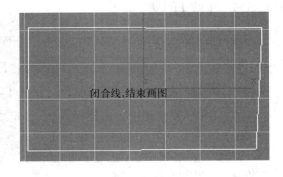

图 4-30　闭合情况

● 当起点与当前点重叠,在图 4-31 所示弹出的对话框选择【否(N)】,继续画线,如图 4-31 和图 4-32 所示。

图 4-31　对话框

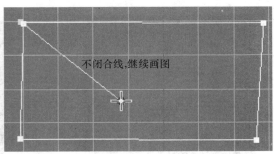

图 4-32　不闭合情况

◆ 【初始类型】、【拖动类型】与创建曲直一体线

【线】▨▨▨ 线 ▨▨▨ 可以创建直线、曲线,还可以创建曲直一体线,能创建什么类型线,完全由 ▨ 创建方法 ▨▨▨ 下面的复选项勾选情况决定。

● 【初始类型】与【拖动类型】都勾选【角点】◉ 角点,只创建直线,如图 4-33 所示。

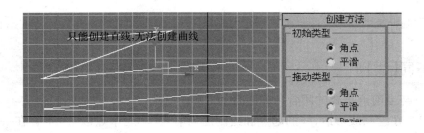

图 4-33　只能创建直线

108

●【初始类型】与【拖动类型】都勾选【平滑】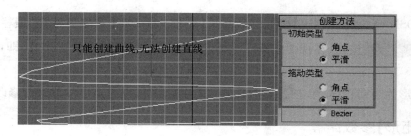平滑，只创建曲线，如图 4 - 34 所示。

图 4 - 34　只能创建曲线

●【初始类型】与【拖动类型】一个勾选【角点】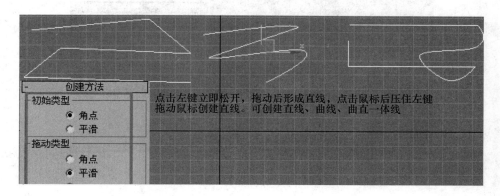角点，一个勾选【平滑】平滑，既可以创建直线，也可以创建曲线，还可以创建曲直一体线，如图 4 - 35 所示。

图 4 - 35　可创建直线、曲线、曲直一体线

◆【初始类型】、【拖动类型】参数含义
●【初始类型】：可以理解为点击鼠标左键立即松开拖动鼠标。
●【拖动类型】：可以理解为点击鼠标左键按住左键拖动鼠标。

4.4　【矩形】

使用【矩形】可以创建方形、矩形、倒角矩形、倒角方形样条线，如图 4 - 36 所示。

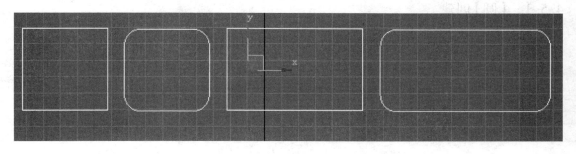

图 4 - 36　【矩形】可创建图形形态

4.4.1 【矩形】创建

启动 3DSMAX,点击【创建】 ✳ ,然后点击【图形】 ⊕ ,在【对象类型】卷展栏下单击【矩形】 ▨ 矩形 ▨ 按钮,在视图中按住鼠标左键拖动鼠标至适当位置松开,即可创建一个矩形。

选择矩形为当前物体,单击 ◪ 进入【修改】面板,就可以对矩形参数进行修改。

4.4.2 【矩形】参数详解

【长度】、【宽度】、【角半径】的具体参数含义见图 4 – 37。

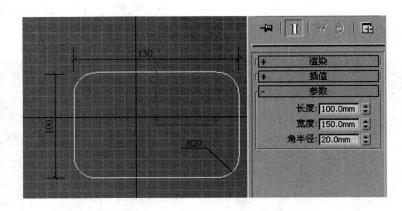

图 4 – 37 【矩形】参数面板

4.4.3 【矩形】创建方法

3DSMAX 可选择创建矩形的方法:从边开始创建矩形或从中心开始创建矩形。创建方法不再举例,由读者自行练习。

4.5 【圆】

使用【圆】只可以创建大小不同的圆形样条线。

4.5.1 【圆】创建

点击 3DSMAX 命令面板【创建】 ✳ ,然后点击【图形】 ⊕ 按钮,在【对象类型】卷展栏下单击【圆】 ▨ 圆 ▨ 按钮。在视图窗口中按住鼠标左键拖动鼠标至适当位置后松开,即可创建一个圆形。确认刚才创建的圆处于被选状态,单击 ◪ 进入【修改】面板,修改圆的半径为需要的值,例如输入 100,如图 4 – 38 所示。

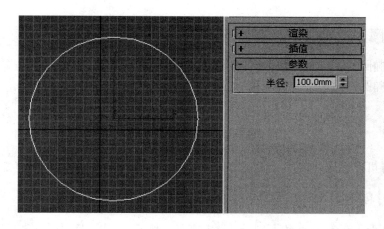

图 4 - 38　【参数】卷展栏

4.5.2　【圆】参数详解

【半径】:圆心到圆周的距离大小。

注:【键盘输入】由于较少应用,不再详细讲解。

4.6　【椭圆】

使用【椭圆】只可以创建大小不同的椭圆形样条线。

4.6.1　【椭圆】创建

点击 3DSMAX 命令面板【创建】 ,然后点击【图形】 按钮,在【对象类型】卷展栏下单击 椭圆 按钮。在视图窗口中按住鼠标左键拖动鼠标至适当位置后松开,即可创建一个椭圆。确认刚才创建的椭圆处于被选状态,单击 进入【修改】面板,修改椭圆的长度、宽度为需要的值,例如输入长度为 170,宽度为 290,如图 4 - 39 所示。

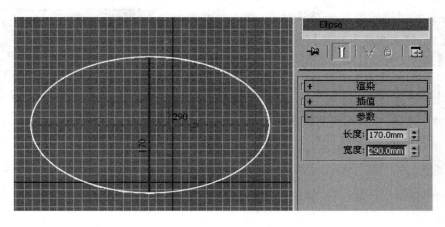

图 4 - 39　椭圆参数含义

4.6.2 【椭圆】参数详解

【长度】:椭圆的一个轴的长度,如图 4 - 39 所示。
【宽度】:椭圆的另一个轴的长度,如图 4 - 39 所示。

4.7 【弧】

使用【弧】可以创建半径大小、起始角、终止角各参数不同的各种弧线。

4.7.1 【弧】创建

点击 3DSMAX 命令面板【创建】 按钮,然后点击【图形】 按钮,在【对象类型】卷展栏下单击 弧 按钮。默认【创建方法】卷展栏下已选中 端点-端点-中央 【端点—端点—中点】,如图 4 - 40 所示。读者也可更改。

在视图窗口中按住鼠标左键拖动,拖动到合适的位置松开鼠标以设置弧形的两个端点,然后移动并单击以指定两个端点之间的第三个点,如图 4 - 41 所示。

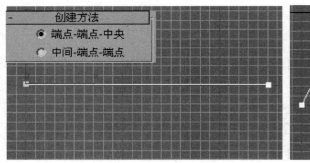

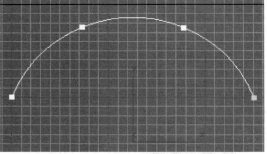

图 4 - 40　压住鼠标起点到终点　　　图 4 - 41　松开后移动鼠标

确认刚才创建的弧处于被选状态,单击 进入【修改】面板,修改参数【半径】为 130、【从】起始角度为 0,【到】结束角度为 180。如图 4 - 42 所示。

4.7.2 【弧】参数详解

◆ 【半径】:弧心到弧线上距离的大小。

◆ 【从】:弧的起始角。

◆ 【到】:弧的结束角。

图 4 - 42　【参数】卷展栏

4.8 【圆环】

使用【圆环】可以通过两个同心圆创建封闭的形状,每个圆都由四个顶点组成。

4.8.1 【圆环】创建

点击 3DSMAX 命令面板【创建】 ✷ 按钮,然后点击【图形】 ⊙ 按钮,在【对象类型】卷展栏下单击 　　圆环　　 按钮。默认在【创建方法】卷展栏上选中【中心】。

在视图中单击左键确定圆心同时按住鼠标左键拖动,拖动到合适的位置松开鼠标以创建第一个圆(见图 4 -43),然后再拖动鼠标到合适的位置单击左键,创建第二个圆,如图 4 -44 所示。

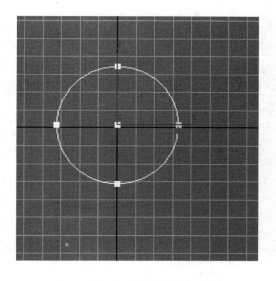

图 4 -43　按住左键画第一个圆

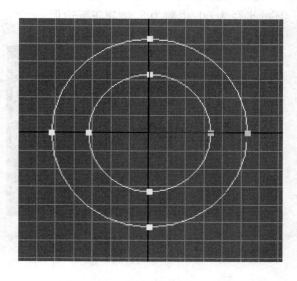

图 4 -44　拖动鼠标画第二个圆

确认刚才创建的圆环处于被选状态,单击 ⟨⟩ 进入【修改】面板,修改圆环的参数,设【半径 1】为 50,【半径 2】为 100,如图 4 -45 所示。

图 4 -45　【参数】卷展栏

4.8.2 【圆环】参数详解

◆【半径 1】:圆心到第一个圆圆周的距离大小。
◆【半径 2】:圆心到第二个圆圆周的距离大小。

4.9 【多边形】

3DSMAX 中【多边形】用于创建正多边形,使用【多边形】可创建具有任意面数或顶点数(N)的闭合平面或圆形样条线。

4.9.1 【多边形】创建

点击 3DSMAX 命令面板【创建】按钮，然后点击
【图形】按钮，在【对象类型】展卷栏下单击

图 4-46 创建方法

多边形按钮。【创建方法】默认选择以【中心】创
建多边形，如图 4-46 所示。

【参数】栏设置多边形参数默认为 6，创建多边形之后，可以更改半径、边数等参数。

在视图窗口合适位置按住鼠标左键拖动，到合适位置松开鼠标左键，创建出六边形，如
图 4-47 所示。

确认刚才创建的多边形处于被选状态，单击进入【修改】面板（见图 4-48），修改圆
环的半径为 60，边数为 5，创建正五边形。

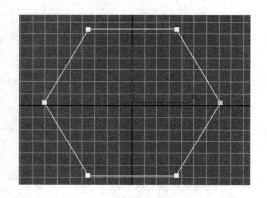

图 4-47 拖动鼠标创建多边形

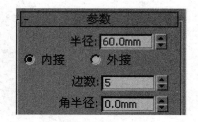

图 4-48 【参数】栏

4.9.2 【多边形】参数详解

◆【半径】：中心点到多边形圆的距离。用户可使用内接、外接两种方法之一来指定
半径。

●【内接】：中心点到多边形内接圆周的距离。

●【外接】：中心点到多边形外接圆周的距离。

◆【边数】：边的数量。范围从 3 到 100。

◆【角半径】：要应用于各角的圆角的度数。值 0 为指定标准非圆角。

◆【圆形】：启用该选项之后，将指定圆形多边形。这相当于圆形样条线，但顶点数量不
同（圆形样条线有四个顶点）。

4.10 【星形】

使用【星形】可以创建具有很多点的闭合星形样条线。星形样条线使用两个半径设置外
部点和内谷之间的距离。

4.10.1 【星形】创建

点击命令面板【创建】 ✳ 按钮,然后点击【图形】 ⬚ 按钮,在【对象类型】卷展栏下单击【星形】 星形 按钮。在【参数】栏设置星形参数(这里设置点为 5),创建星形之后,可以更改参数。

在视图窗口按住鼠标左键并拖动鼠标到合适位置,松开鼠标左键可定义第一个半径(见图 4-49),移动鼠标到合适位置,然后单击可定义第二个半径(见图 4-50)。根据移动鼠标的方式,第二个半径可能小于、大于或等于第一个半径。

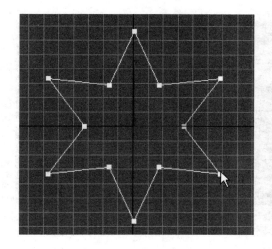

图 4-49 按住左键拖动确定【半径 1】

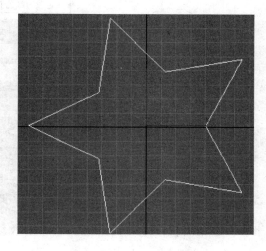

图 4-50 松开左键拖动确定【半径 2】

确认刚才创建的星形处于被选状态,单击 ⬚ 进入【修改】面板,修改星形的半径 1 为 80,半径 2 为 40,点为 5,如图 4-51 所示。

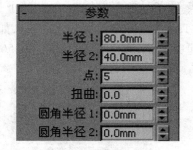

图 4-51 【参数】卷展栏

4.10.2 【星形】参数详解

◆【半径 1】:星形第一组顶点的半径,在创建星形时,通过第一次拖动确定半径 1。

◆【半径 2】:星形第二组顶点的半径,在完成星形时移动鼠标并单击确定半径 2。

◆【点】:星形上的点数。范围从 3 到 100,星形所拥有的顶点数是指顶点数的两倍。一半的顶点位于半径 1 的圆周上,剩余顶点位于半径 2 的圆周上。

◆【扭曲】:围绕星形中心旋转半径 2 顶点,从而生成锯齿形效果。

◆【圆角半径 1】:第一组顶点倒圆角。

◆【圆角半径 2】:第二组顶点倒圆角。

案例：应用【星形】制作五角星

点击【创建】 ☀ 按钮，然后点击【图形】 ⊙ 按钮，在【对象类型】卷展栏下单击 星形 按钮，在顶视图拖动创建一个星形，可参考图 4-50。

确认刚创建的五角星处于被选择状态，单击 ⊘ 进入【修改】面板，单击【修改器列表】 修改器列表 ▼ 右边 ▼ 下拉箭头，在列表中选择【挤出】修改器，如图 4-52 所示。在【挤出】修改器参数中设置数量为 20（见图 4-53），图形五角形就拉出高度为 20mm 的五角星平板形实体，如图 4-54 所示。

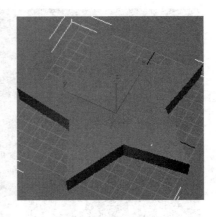

图 4-52　添加【挤出】　　　图 4-53　修改参数　　　图 4-54　挤出厚度

确认拉出高度的五角星处于被选择状态，单击 ⊘ 进入【修改】面板，单击【修改器列表】 修改器列表 ▼ 右边 ▼ 下拉箭头，在列表中选择【锥化】（Taper）修改器，在【锥化】（Taper）参数中设置数量为 -1，如图 4-55 所示。一个充满革命怀旧情怀的红艳艳的五角星完成了，五角星形态如图 4-56 所示。

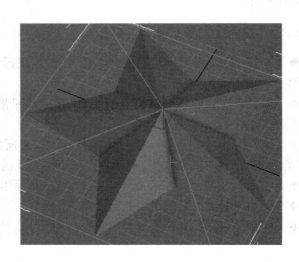

图 4-55　添加【锥化】　　　　图 4-56　形成五角星

4.11　【文本】

利用 3DSMAX【文本】可创建各种文本图形,也就是文字形状的图形,文本图形将文本保持为可编辑参数,用户可以随时更改。如果文本使用的字体已从系统中删除,则仍然可以正确显示文本图形。然而,要在编辑框中编辑文本字符串,必须在视窗中选择相应的图形体。场景中的文本只是图形,在图形中的每个字母都是单独的样条线。可以应用修改器编辑样条线,例如使用弯曲和挤出编辑文本图形,与编辑其他图形一样。

4.11.1　【文本】图形创建

点击 3DSMAX 命令面板【创建】按钮,然后点击【图形】按钮,在【对象类型】卷展栏下单击 文本 按钮。

在【参数】栏中设置文本参数并输入文本内容,如图 4 – 57 所示。在视图窗口点击鼠标左键,文本输入框中的文本就创建完成,如图 4 – 58 所示。此时场景中的文本只是图形。

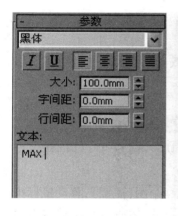

图 4 – 57　参数卷展栏

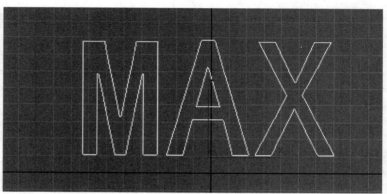

图 4 – 58　创建文本图形

4.11.2　【文本】参数详解

◆【黑体】:字体列表,点击此处,可更改字体。

◆【大小】:字体大小。

◆【字间距】:字间距增加或减少量。

◆【行间距】:字行间间距增加或减少量。

案例:应用【文本】制作广告立体字

确认刚才创建的"MAX"文本图形处于被选择状态,修改文本的字体,在字体列表里选择黑体,其余参数读者自定。

单击 进入【修改】面板,点击【修改器列表】修改器列表 右边 下拉箭头,在列表中选择【挤出】修改器,在【挤出】修改器参数中设置数量为 60,如图 4 – 59 所示。效果如图 4 - 60 所示。

图 4 - 59　添加【挤出】

图 4 - 60　生成立体文字

4.12　【螺旋线】

利用 3DSMAX【螺旋线】能创建开口平面螺旋线、3D 螺旋线或者制作物体的运动路径。

4.12.1　【螺旋线】创建

点击 3DSMAX 命令面板【创建】 按钮,然后点击【图形】 按钮,在【对象类型】卷展栏下单击【螺旋线】 螺旋线 按钮。3DSMAX【创建方法】栏默认选择以【中心】创建螺旋线,如图 4 - 61 所示。

在视图适当位置点击鼠标左键并按住拖动,松开鼠标后生成一个圆(底圆),移动鼠标指针则出现螺旋线的轮廓,到适当位置单击鼠标左键,指定螺旋线高度,然后松开左键再拖动鼠标指定螺旋线另一圆半径,螺旋线则创建完成。

确认刚创建的螺旋线处于被选择状态,单击 进入【修改】面板,修改螺旋线各项参数,【螺旋线】的【参数】卷展栏如图 4 - 62 所示。

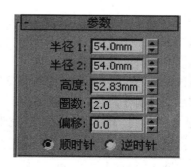

图 4 - 61　【创建方法】栏

图 4 - 62　【参数】栏

4.12.2 【螺旋线】参数详解

◆【半径 1】:设置螺旋线的底端离中心的距离。

◆【半径 2】:设置螺旋线的顶端离中心的距离。

◆【高度】:设置螺旋线的高度。

◆【圈数】:设置起点和终点之间螺旋线旋转的圈数。

◆【偏移】:设置螺旋线向某个顶点的偏移强度,如果螺旋线的高度为 0,则调节偏移值没有任何效果。

◆【顺时针】、【逆时针】:表示生成螺旋线的方向。

随便生成一条螺旋线很容易,要生成一根特定的螺旋线则考验读者对螺旋线各参数的理解,下面制作一个旋转楼梯。

案例:应用【螺旋线】制作旋转楼梯

在顶视图拖动鼠标创建圆柱体,点击 [图标],将半径修改为 350,高度修改为 2000。在顶视图创建一个长方体,点击 [图标],将长度修改为 250,宽度修改为 800,高度修改为 25,对应位置关系如图 4 - 63 所示。

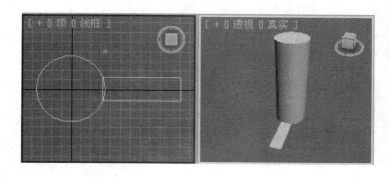

图 4 - 63　创建圆柱体与长方体

在前视图观察网格间距,通过目测网格间距绘制一条高度为 1000 的直线,并勾选【在视口中启用】,设置【径向】的厚度为 40。在顶视图选用【选择并移动】[图标]工具,移动直线,如图 4 - 64 所示。

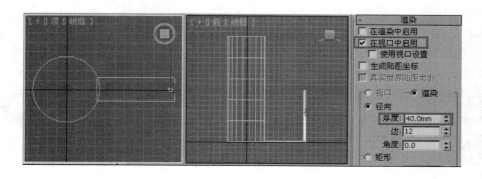

图 4 - 64　创建栏杆立柱

在顶视图选择长方体和直线,移动到适当位置或利用【对齐】📇工具,在顶视图中单击【对齐】📇工具后,点击圆柱体,【对齐位置】选项勾选【Y 位置】,【当前对象】与【目标对象】栏选取【中心】,具体操作与参数设置参考图 4 - 65 中【对齐】对话框。

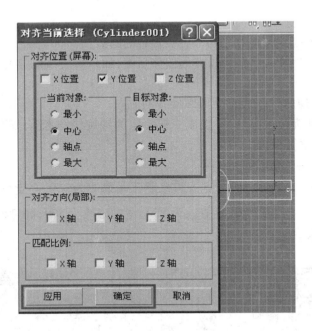

图 4 - 65 【对齐】

拾取圆柱体为参考坐标系(见图 4 - 66),选取【使用变换坐标中心】,然后选择长方体和直线为当前物体,点击【附加】浮动工具栏中的【阵列】🔡按钮,设置参数如图 4 - 67 所示,点击【确定】,得到图 4 - 68 所示图形。

点击 3DSMAX 命令面板【创建】🔆按钮,然后点击【图形】🔂按钮,在【对象类型】卷展栏下单击【螺旋线】 螺旋线 按钮。在 3DSMAX【创建方法】栏默认选择以【中心】创建螺旋线。

在前视图移动鼠标至圆柱体中心,鼠标左键点击圆柱体底圆中心并按住鼠标左键拖动生成一个圆,该圆圆周通过栏杆直线位置,再移动鼠标到适当位置单击鼠标左键,并拖动鼠标后点击鼠标左键,就生成了一个螺旋线。单击🖉进入【修改】面板,修改螺旋线,设置圈数为 1,半径 1 与半径 2 为 1080,高度为 2000,如图 4 - 69 所示。在顶视图,让直线栏杆在螺旋线圆周上,然后在透视视图中沿 Z 轴上移到适当位置。

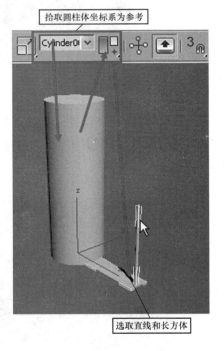

图 4 - 66 确定坐标系

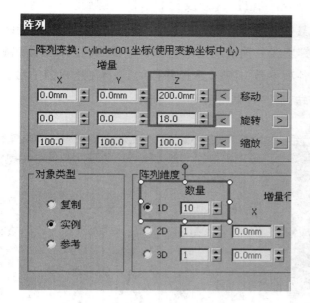

图 4 – 67　【阵列】参数

图 4 – 68　阵列后图形

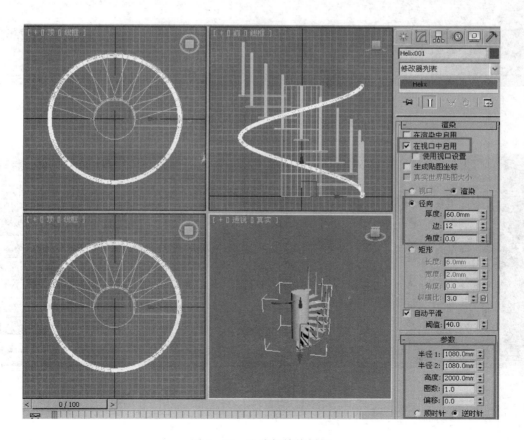

图 4 – 69　生成螺旋线栏杆

确认创建的螺旋线处于被选择状态,单击 进入【修改】面板,修改螺旋线各项参数。在顶视图选择螺旋线,利用【对齐】 工具使圆柱体对齐,如图 4 – 70 所示。这就是螺旋线要先设置【圈数】为 1 的目的,设置为 1,螺旋线在顶视图正好是一个完整的圆,有利于和圆柱体对齐。单击【修改】 修改螺旋线各项参数,应用【选择并移动】 在透视图中沿 Z 轴移动,应用【选择并旋转】 绕 Z 轴旋转,最终效果如图 4 – 71 所示。

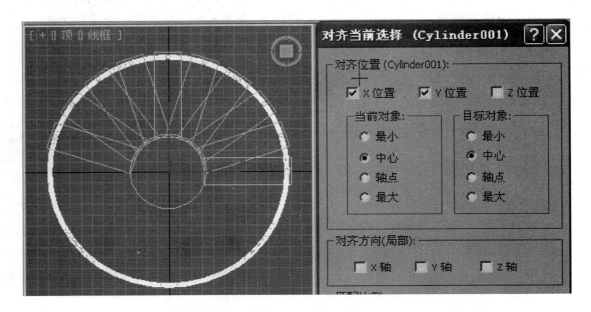

图 4 – 70 【对齐】操作

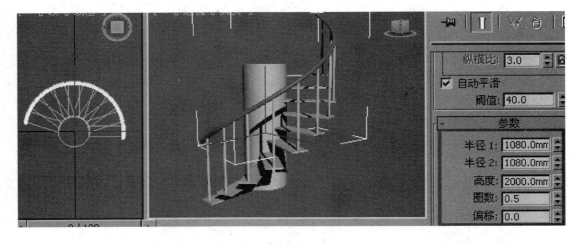

图 4 – 71 修改螺旋线参数

4.13　【截面】

3DSMAX 利用截面平面对几何体进行切割,利用截面平面与几何体的交截线形成新的图形,【截面】对象显示为一个相交的矩形。只需将其移动或旋转到几何体的适当位置,然后单击【生成形状】按钮即可基于 2D 相交创建一个图形。下面通过举例讲解【截面】的应用。

4.13.1　【截面】图形创建

点击 3DSMAX 命令面板【创建】 按钮,然后点击【图形】 按钮,在【对象类型】卷展栏下单击【茶壶】,在顶视图点击创建一个茶壶。按同样方法创建一个截面,并调整与茶壶的位置,如图 4 - 72 所示。

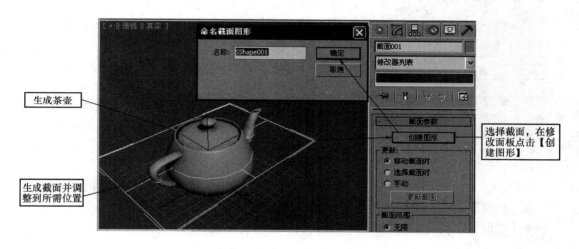

图 4 - 72　创建截面

确认创建的截面处于被选择状态,单击 进入【修改】面板,点击【创建图形】按钮,在弹出的对话框中选择【确定】,也可在名称栏中输入所需名称后点击【确定】。

【创建图形】将基于当前显示的相交线创建图形。将显示一个对话框,可以在此命名新对象。结果图形是基于场景中所有相交网格的可编辑样条线,该样条线由曲线段和角顶点组成。选择茶壶与界面并移开原来位置,就可看到所创建的截面图形,如图 4 - 73 所示。

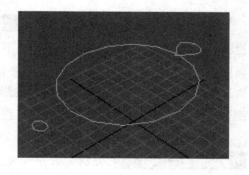

图 4 - 73　【截面】操作创建图形

4.13.2　【截面】参数详解

截面参数面板如图 4 - 74 所示。

图 4 - 74 【截面】参数面板

◆【更新】:提供指定何时更新相交线的选项。

●【移动截面时】:在移动或调整截面图形时更新相交线(默认设置)。

●【选择截面时】:在选择截面图形但未移动时更新相交线。单击【更新截面】按钮可更新相交线。

●【手动】:仅在单击【更新截面】按钮时更新相交线。

●【更新截面】:在使用【选择截面时】或【手动】选项时更新相交点,以便与截面对象的当前位置匹配。

注意:在使用【选择截面时】或【手动】时,用户可以使生成的横截面偏移相交几何体的位置。在移动截面对象时,黄色横截面线条将随之移动,以使几何体位于后面。单击【创建图形】时,将在偏移位置上以显示的横截面线条生成新图形。

◆【截面范围】:选择以下选项之一可指定截面对象生成的横截面的范围。

●【无限】:截面平面在所有方向上都是无限的,从而使横截面位于其平面中的任意网格几何体上(默认设置)。

●【截面边界】:仅在截面图形边界内或与其接触的对象中生成横截面。

●【禁用】:不显示或生成横截面。禁用【创建图形】按钮。

●【色样】:单击此选项可设置相交的显示颜色。

◆【截面大小】:可设置 3DSMAX 截面的长度和宽度值。

4.14 【开始新图形】

点击 3DSMAX 命令面板【创建】◈ 按钮,然后点击【图形】◐ 按钮,在【对象类型】卷展栏下可以看到【开始新图形】复选框,如图 4 - 75 所示。这个复选框勾选与否,对于创建图形之间的关系有较大的影响,我们通过举例来理解☑ 开始新图形 复选框意义。

图 4 - 75 【开始新图形】

在【开始新图形】复选框被勾选的状态下☑ 开始新图形 ,分别生成一个矩形和一个圆,如图 4 - 76 和图 4 - 77 所示。用鼠标左键点击矩形或圆,可以看到矩形和圆是两个独立的物体,彼此没有关联。在主工具栏点击【选择并移动】✛,点击其中一个物体,然后移动,仔细观察另一个物体不会一起移动,通过【选择并移动】✛可以看到两个物体彼此独立。

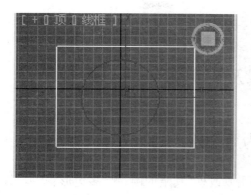 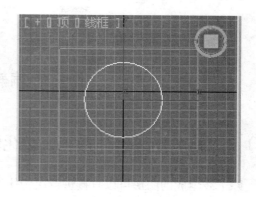

图 4 - 76　勾选【开始新图形】　　　　　　　图 4 - 77　图形相互独立不关联

将刚才创建的物体全部删除,点击【创建】 按钮,然后点击【图形】 按钮,在【开始新图形】复选框没有勾选的状态下 ，在顶视图生成一个矩形和一个圆,如图 4 - 78 所示。分别用鼠标左键点击它们,可以看到,矩形和圆是一个整体,选择点击其中任何一个物体,另外一个也会被选择,彼此已经连成一个整体。

确认刚创建的对象处于被选择状态,单击 进入【修改】面板,单击【修改器列表】 右边 下拉箭头,在列表中选择【挤出】修改器,在【挤出】修改器参数中设置数量为 20,可以看到作为整体的图形被拉伸挤出后的形态,如图 4 - 78 中透视图所示。

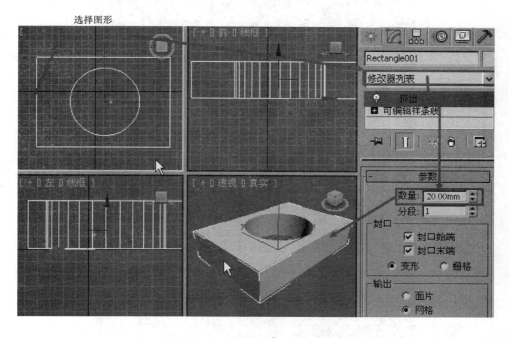

图 4 - 78　取消勾选【开始新图形】

第5章　二维图形编辑及应用二维图形建模

5.1　二维图形编辑准备——转化为可编辑多边形

除了线生成的图形可以直接进行次物体编辑修改外,其余的圆、弧、多边形、文本、截面、矩形、椭圆、圆环、星形、螺旋线都需要转化为可编辑样条线才能进行次物体修改编辑。如图5-1所示,点击线生成的图形,单击 ![img] 进入【修改】面板界面,在修改命令面板下,可以看到【选择】、【软选择】、【几何体】等编辑卷展栏,而图5-2所示矩形的【修改】面板没有这些卷展栏。

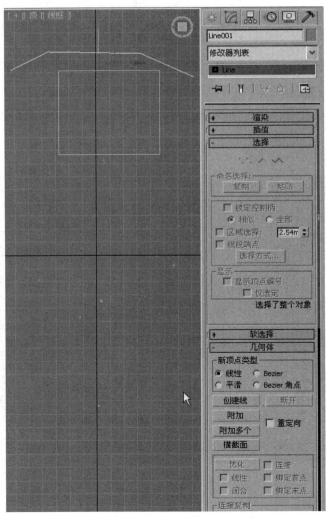

图5-1　【线】创建图形的【修改】命令面板

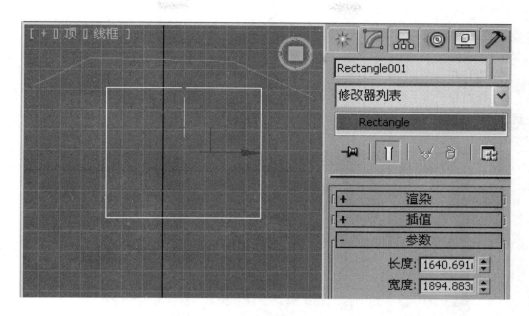

图 5 - 2　矩形【修改】命令面板

确定矩形为当前物体,如图 5 - 3 所示,在矩形上单击鼠标右键,将矩形转化为可编辑样条线,单击 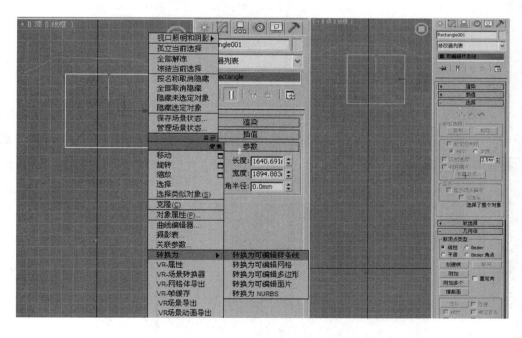 进入【修改】,可看到矩形的【修改】面板与刚才线的【修改】面板界面一致,由于本书纸张篇幅有限,这里无法完全显示。

图 5 - 3　矩形转化为可编辑多边形后【修改】命令面板

5.2 二维图形编辑——【附加】

【附加】:将一个图形与另一个图形合并成为一个图形,两个图形都变为新图形下的子物体。在【开始新图形】复选框被勾选的状态下 ☑ 开始新图形 ,分别生成一个矩形和一个圆,如图 5 – 4 所示。选择矩形,单击右键,将矩形转换为可编辑样条线。

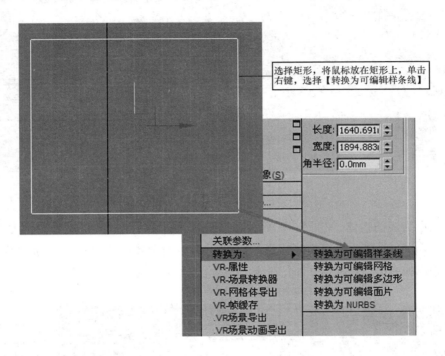

图 5 – 4 转化为可编辑多边形

单击 进入【修改】面板,如图 5 – 5 所示,在【几何体】栏激活【附加】按钮,圆便附加到矩形上与其成为整体,如图 5 – 6 所示。单击 进入【修改】面板,单击【修改器列表】 修改器列表 ☑ 右边 ☑ 下拉箭头,在列表中选择【挤出】修改器,挤出如图 5 – 7 所示的形态。

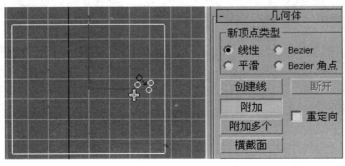

图 5 – 5 【附加】操作

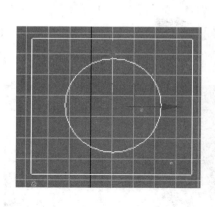

图 5 - 6　生成整体

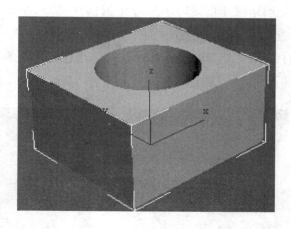

图 5 - 7　添加【挤出】

5.3　【顶点】编辑修改

线不用转换就是可编辑样条线,圆、弧、多边形、文本、截面、矩形、椭圆、圆环、星形、螺旋线需转换为可编辑样条线后才可进入次物体【顶点】、【线段】、【样条线】层级。

点击 3DSMAX 命令面板【创建】 ，然后点击【图形】 按钮,在【对象类型】
对象类型 卷展栏下单击 线 按钮。在顶视图点击鼠标左键生成如图 5 - 8
所示图形。

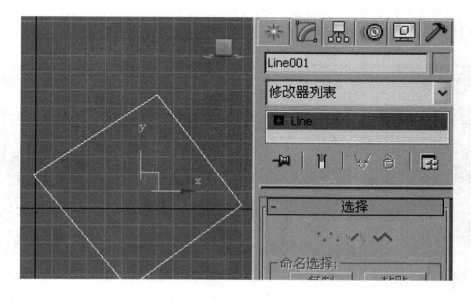

图 5 - 8　【线】创建图形修改

确认刚才创建的图形处于被选择状态，单击 [图] 进入【修改】面板，如图 5 - 8 所示。点击 [⊞ Line] 的"＋"号，便可展开此图形的次物体，单击【顶点】或 [⠿] 进入【顶点】编辑模式，如图 5 - 9 所示。勾选【显示顶点编号】，每个顶点显示编号，如图 5 - 10 所示。

图 5 - 9　点击【顶点】

图 5 - 10　显示顶点编号

5.3.1　【顶点】类型与类型转化

◆【顶点类型】：二维图形顶点类型分为【角点】、【光滑点】、【Bezier】（贝兹尔点）、【Bezier 角点】（贝兹尔角点）四种类型，如图 5 - 11 所示。每个点可在四种类型之间转换。

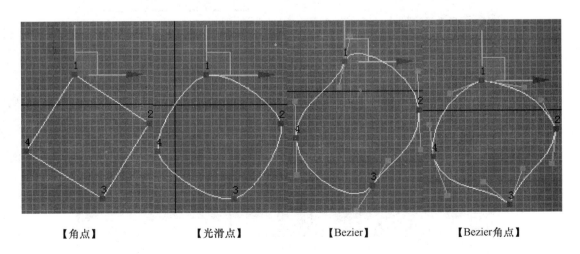

【角点】　　　　　【光滑点】　　　　　【Bezier】　　　　　【Bezier角点】

图 5 - 11　顶点的四种类型

◆【顶点】类型转换:如果想改变顶点类型,首先单击 或 顶点,进入【顶点】次物体层级,在视图中选择要修改的顶点,将鼠标放在顶点上方,单击鼠标右键,弹出如图5－12所示右键弹出式菜单,选择顶点类型,就可转化为所需要的顶点类型。

◆【顶点】变换操作:单击 或 顶点,进入【顶点】次物体层级,可使用【选择并移动】 工具对所选择顶点进行移动,同样也可对顶点进行旋转或缩放操作。

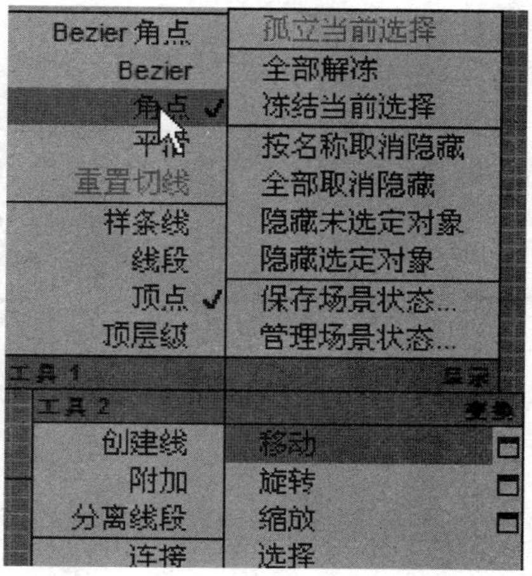

5.3.2 【优化】顶点

◆【优化】:在当前样条曲线上插入顶点,在创建阶段生成的二维图形很简单,图形的顶点数量少,在后期编辑修改成复杂二维图形时顶点数量不足,需要添加顶点,MAX 软件提供了【优化】工具,通过插入顶点为二维图形添加顶点,如图 5 – 13 和图 5 – 14 所示。

图 5 – 12 顶点类型转化

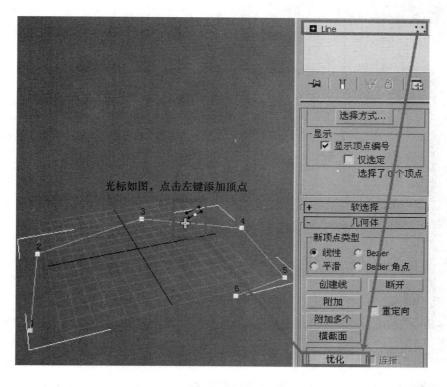

图 5 – 13 【优化】—插入点

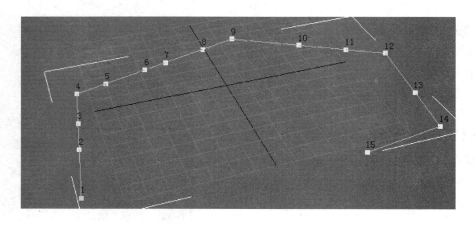

图 5－14 【优化】点情况

5.4 【线】编辑制作相框

点击 3DSMAX 命令面板【创建】 ✳ 按钮，然后点击【图形】 ⚙ 按钮，在 — 对象类型 卷展栏单击 线 按钮。在顶视图画出图形并闭合样条线，如图 5－15所示。

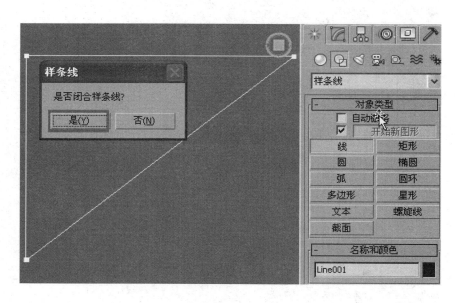

图 5－15 创建三角形线

单击 ⚙ 进入【修改】面板。在 ⊞ Line "＋"号处点击，便可展开此图形的次物体，单击【顶点】或 ⠿ ，进入图形次物体【顶点】层级，点击【优化】添加点工具，在三角形斜边上添加顶点，如图 5－16 所示。

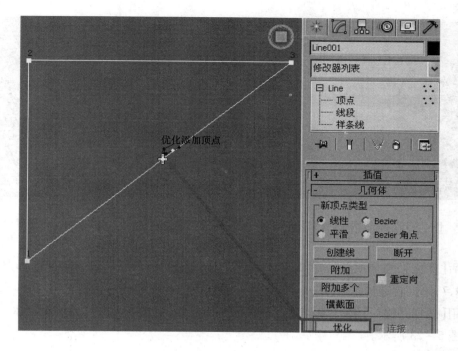

图 5 - 16　斜边【优化】加点

点击【选择并移动】🔀 工具,选择刚才添加的点(见图 5 - 17),鼠标放在点上,单击右键转换为【Bezier】点(如已是无需转换),调整 Bezier 曲柄位置,如图 5 - 18 所示。

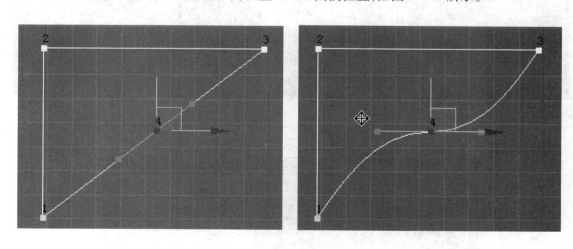

图 5 - 17　选取点　　　　　　　　　　　　图 5 - 18　移动点曲柄

再次激活【优化】,添加如图 5 - 19 所示顶点,按【选择并移动】🔀 工具,并选择 1、10、9、8、3、4、5、6 这些点,单击右键转化为【Bezier 角点】,调整为图 5 - 20 所示形态。

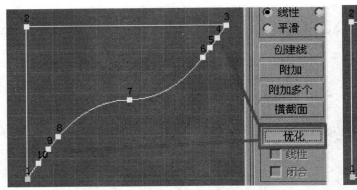 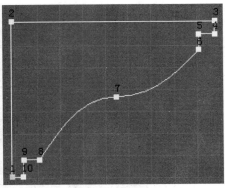

图 5-19 曲边两端【优化】插入点　　　　　　图 5-20 移动顶点

　　激活【优化】，添加顶点，如图 5-21 所示。按【选择并移动】⊕工具，并选择点 15、13、12、10、9、7，单击右键转化为【Bezier 角点】，选择点 14、11、8，单击右键转化为【Bezier】点。

　　应用【选择并移动】⊕工具调整点及点的曲柄位置（见图 5-22），关闭次物体。调整后图形如图 5-23 所示。

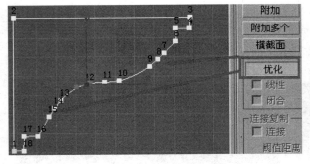 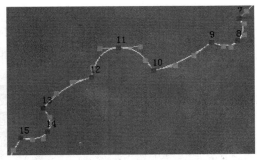

图 5-21 【优化】加点　　　　　　　　图 5-22 调整点位置与移动曲柄

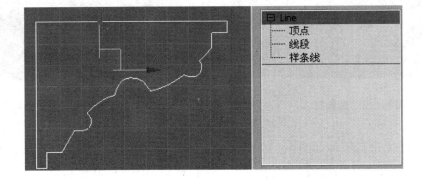

图 5-23 调整后图形

确认图形为当前物体,单击 ⃞ 进入【修改】面板,在【修改器列表】中添加【车削】,如图5-24 所示。打开【车削】次物体轴,如图 5-25 所示。

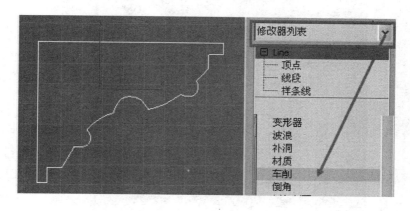

图 5-24　添加【车削】

点击【车削】 ⃞ 前面的"+",展开次物体列表,选择【轴】 ⃞ ,然后激活【选择并移动】 ⃞ ,在顶视图移动【车削】轴到适当位置(见图 5-25),同时观察透视图镜框大小变化,设置【车削】参数,将【分段】设置为 4,关闭【平滑】,如图 5-26 所示。

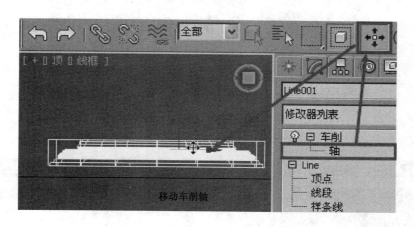

图 5-25　顶视图移动次物体【轴】

关闭车削轴次物体,选择镜框,点击【选择并旋转】 ⃞ ,将鼠标在【选择并旋转】 ⃞ 上单击右键,【Y】框输入 45,按回车确认,如图 5-27 所示。如果位置不正确,可按组合键 Ctrl + Z 撤销刚才操作,在其他轴输入框中输入 45,按回车确认。

在标准基本体选择【长方体】,按 ⃞ 捕捉相框背面点,创建长方体。点击 ⃞ 弹出材质编辑器,在【漫反射】按【位图】找到"明星 .jpg",按 ⃞ 再将 ⃞ 拉到长方体,如图 5-28 所示。最终生成的相框模型如图 5-29 所示。选择菜单栏中的【文件】/【保存】命令,将制作的模型文件保存为"相框 . max"。

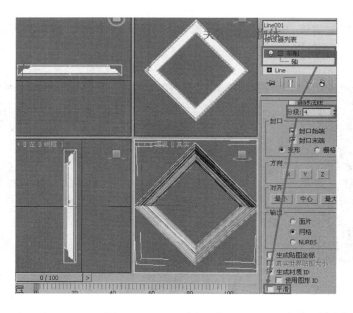

图 5 - 26   调整【车削】参数

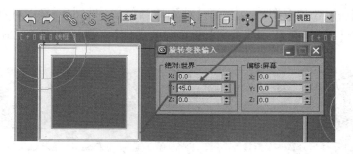

图 5 - 27   旋转操作

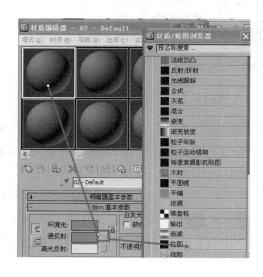

图 5 - 28   赋材质

图 5 - 29   效果

5.5 应用【线】编辑制作旋转楼梯

启动 3DSMAX, 在主工具栏中点击【捕捉开关】3, 并设置捕捉点为格栅点 □ ☑ 栅格点, 如图 5 – 30 所示。

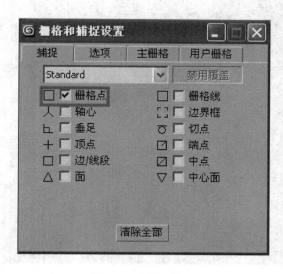

图 5 – 30 设置捕捉

点击命令面板【创建】 按钮, 然后点击【图形】 按钮, 在【对象类型】卷展栏单击【线】 线 按钮。在左视图画出如图 5 – 31 所示闭合图形。

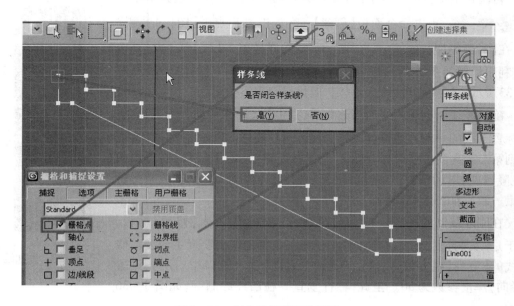

图 5 – 31 创建楼梯侧面轮廓线

关闭【捕捉开关】3，单击 进入【修改】面板，单击【顶点】或 ，进入图形次物体【顶点】层级，点击【优化】添加点工具，在长斜边添加顶点，如图5-32所示。

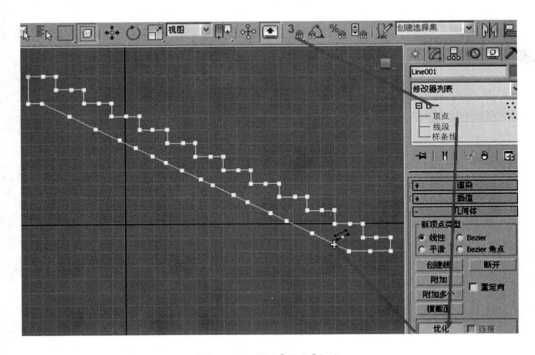

图5-32 斜边【优化】加点

单击【顶点】或 ，关闭此图形的次物体，如不关闭此物体，就无法进行其他操作。

再次在主工具栏中点击【捕捉开关】3，并设置捕捉点为格栅点 □ ☑ 栅格点。点击命令面板【创建】 按钮，然后点击【图形】 按钮，在【对象类型】— 对象类型 卷展栏单击【线】 线 按钮，利用格栅捕捉在两格栅点画一条线，创建线作为栏杆立柱，如图5-33所示。线的长短可自行确定，但尽量与现实一致。

确认刚才所创建的线为当前物体，点击【选择并移动】 工具，将光标置于线的一端点也必定是格栅点，同时按住 Shift + 左键拖动，拖动到第二个台阶中点时松开 Shift 及鼠标左键（见图5-34），在弹出的【克隆选项】对话框中，点选【实例】，【副本数】设为12（副本数与台阶数量一致），如图5-35所示。

在刚才复制的图线中任意选择一条，单击 进入【修改】面板，由于是【实例】复制，所以修改其中任意一条其他线也会发生改变。修改线的【渲染】栏参数，勾选【在渲染中启用】、【在视口中启用】，设置【径向】厚度参数为50。至此，栏杆垂直立柱已经绘制好，如图5-36所示。

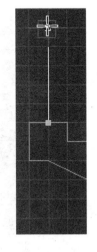

图5-33 立柱线

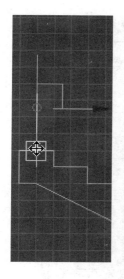

图 5 - 34　复制

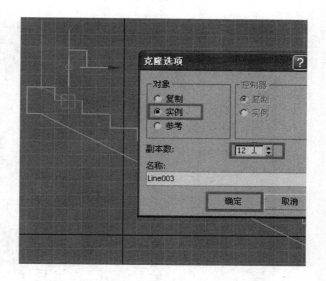

图 5 - 35　复制设置

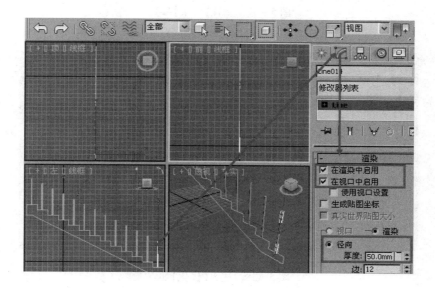

图 5 - 36　设置【渲染】参数

　　绘制线作为栏杆,其过程不再详解。确定栏杆线处于被选择状态,单击 进入【修改】面板,修改【渲染】栏参数,勾选【在渲染中启用】、【在视口中启用】,设置【径向】厚度为 100,如图 5 - 37 所示。

　　对栏杆进行优化,关闭 后,单击 进入【修改】面板。为栏杆线进行歪曲编辑进行基础准备工作:点击 Line " + "号处点击,便可展开此图形的次物体,单击【顶点】或 ,进入图形次物体【顶点】层级,点击【优化】按钮,在栏杆线上添加顶点,如图 5 - 38 所示。

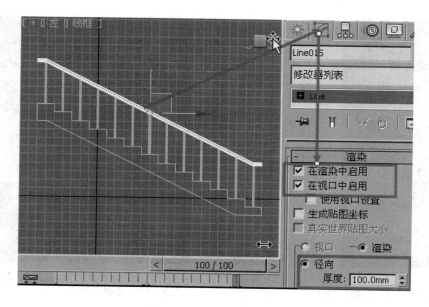

图 5 - 37　设置【渲染】参数

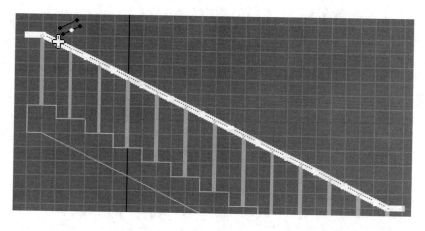

图 5 - 38　扶手【优化】加点

　　选择楼梯线,单击 进入【修改】面板。点击【修改器列表】修改器列表 右边
下拉箭头,在列表中选择【挤出】修改器,在【挤出】参数栏下【数量】输入框中输入 2500,
左侧线挤出成实体楼梯,如图 5 - 39 所示。

　　点击【选择并移动】 工具,在顶视图框选右边扶手以及全部扶手立柱(见图 5 - 40),
同时按住 Shift + 鼠标左键,拖动鼠标将复制扶手以及全部扶手立柱置于阶梯的最左边,如图
5 - 41 和图 5 - 42 所示(也可在顶视图框选右边扶手以及全部扶手立柱,应用【镜像】工具创
建左边扶手以及左边扶手立柱)。

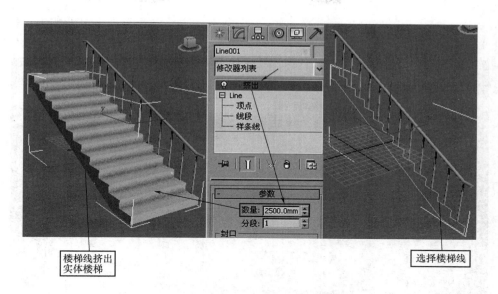

图 5 – 39　楼梯侧面轮廓线添加【挤出】

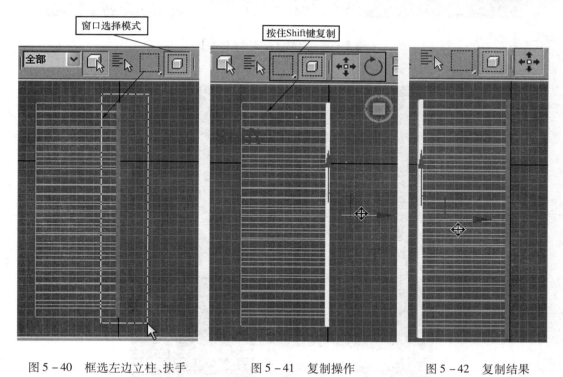

图 5 – 40　框选左边立柱、扶手　　　图 5 – 41　复制操作　　　图 5 – 42　复制结果

　　按 Ctrl + A 或框选全部物体,单击 进入【修改】面板,点击【修改器列表】

修改器列表 右边 下拉箭头,在列表中选择【弯曲】修改器,设置参数,如图 5 – 43 所示。最终结果如图 5 – 44 所示。

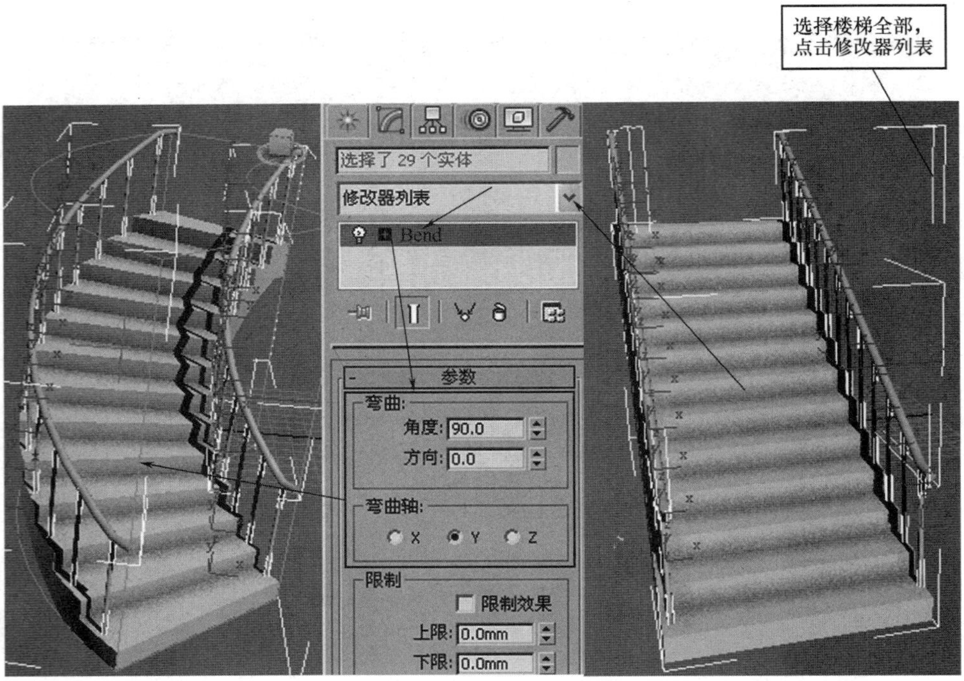

图 5 – 43　全部选择添加【弯曲】

图 5 – 44　最终结果

5.6　顶点【焊接】与样条线【轮廓】制作弧形房间

下面我们通过弧形房间建模，了解顶点【焊接】与样条线【轮廓】的含义，掌握二维图形顶点【焊接】与样条线【轮廓】操作。顶点【焊接】与样条线【轮廓】都是二维图形修改编辑十分重要而且常用的命令。

如图 5 – 45 所示，在顶视图画一条直线，确认刚创建的线处于当前物体状态，按住 Shift + 鼠标左键，约束 X 轴复制一条。

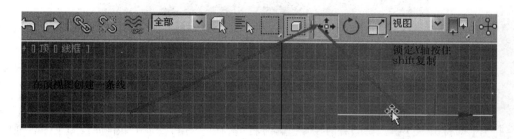

图 5 – 45　创建直线并复制

打开【捕捉开关】工具，在上单击右键，在弹出的【栅格和捕捉设置】对话框中勾选【顶点】，点击【创建】按钮，然后点击【图形】按钮，在【对象类型】下单击【弧】弧按钮，选择两直线中间相邻顶点创建圆弧，如图 5 – 46 所示。

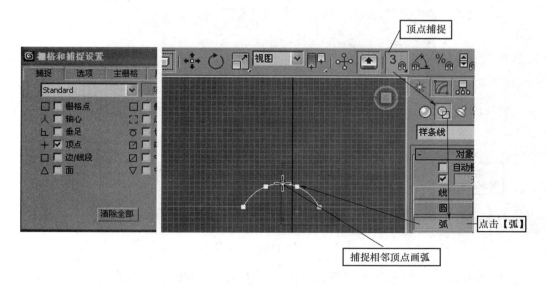

图 5 – 46　创建弧线

选择两条直线与刚创建的弧，点击【镜像】工具，复制另外的两条直线与弧，设置【镜像】对话框参数，如图 5 – 47 所示。

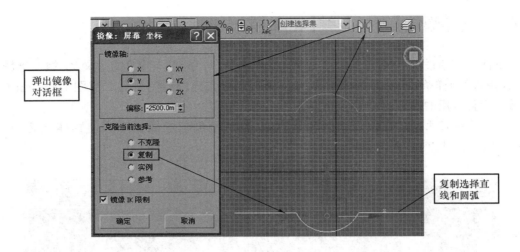

图 5 – 47　【镜像】操作

打开【捕捉开关】 🧲³ 工具，并在 🧲³ 上单击右键，在弹出的【栅格和捕捉设置】对话框中勾选【顶点】复选框，点击【创建】 ☀ 按钮，然后点击【图形】 ⬭ 按钮，在 对象类型 卷展栏下单击按钮 线 ，利用顶点捕捉在左右两边分别绘制直线，将图形封闭，如图 5 – 48 所示。

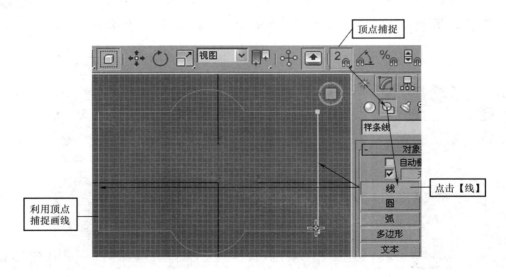

图 5 – 48　创建线连接左右端口

选择其中一条直线（如选弧线要右击转化为可编辑样条线），单击 🗁 进入【修改】面板，激活【几何体】栏目中的【附加】按钮，如图 5 – 49 所示。将光标移到顶视图中其余的直线与弧上，依次附加到当前直线中，如图 5 – 50 所示。

单击 🗁 进入【修改】面板，点击 ⊞ Line 前面的 ⊞ 处点击，单击【顶点】或

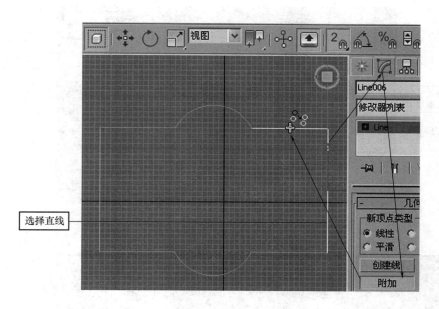

图 5 - 49　激活【附加】

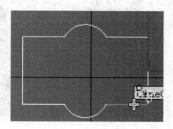

，便可展开此图形的次物体，点击【选择并移动】[图标]工具，点选 1 点移动，可知 1 点和 2 点处是断开的，单击（不能框选）其中任意直线或弧线顶点进行移动，会出现顶点分离情况（见图 5 - 51）。由此可见，8 个图形线虽然附加合并在一起，从外形上看也闭合了，但实际上顶点处是没有闭合的，所以要将每个顶点处的两个顶点焊接成一个顶点。框选全部顶点，如图 5 - 52 所示。点击【焊接】，焊接后数值框中数值决定顶点能否焊接，两个点的实际距离大于【焊接】数值框数值则无法焊接，否则就焊接。如图 5 - 53 所示。

图 5 - 50　【附加】操作

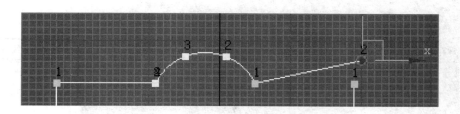

图 5 - 51　点选顶点并移动

如图 5 - 54 所示，点击【样条线】[样条线 图标]进入次物体【样条线】模式，选择刚才焊接后的样条线，样条线变成红色（此处黑色显示），证明被选择为当前次样条线，点击【轮廓】，在数值框中输入数值或拖动箭头，复制另外一条形状相同大小不同的次样条线，这相当于 CAD 里的偏移复制。不同的是 CAD 里偏移复制的物体与原物体独立不关联，MAX 里轮廓复制的物体属于次物体，与原次物体属于同一整体下的次物体。

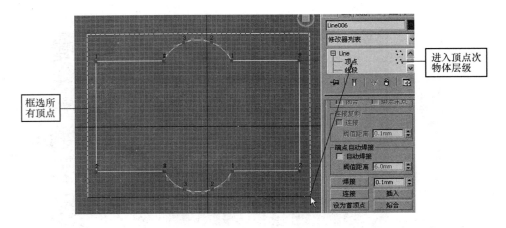

图 5 - 52　激活【顶点】

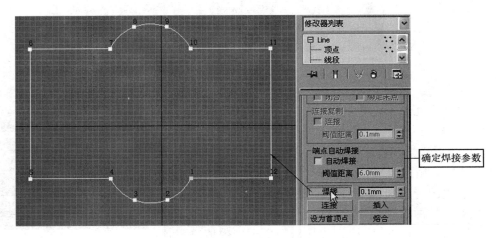

图 5 - 53　焊接顶点

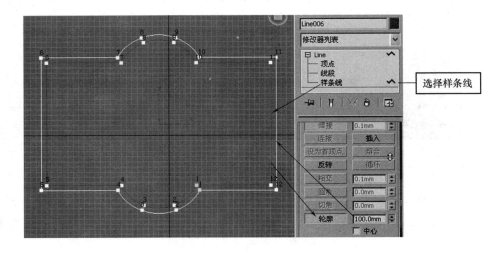

图 5 - 54　【轮廓】操作

点击 ┊⋯⋯ 样条线　　　　　　　　 ⋀ 关闭次物体,图形如图 5 – 55 所示。

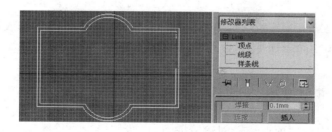

图 5 – 55 　【轮廓】操作结果

选择刚才【轮廓】操作后关闭的次物体的线,单击 ⬚ 进入【修改】面板,如图 5 – 56 所示。单击【修改器列表】修改器列表 ☒ 右边 ☒ 下拉箭头,在列表中选择【挤出】修改器,在修改器中设置数量为 1800,如图 5 – 57 所示(正常民用房间高度为 2700 以上,这里为了看得更清楚,有意将数值设低)。

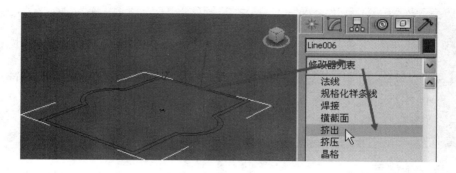

图 5 – 56 　添加【挤出】

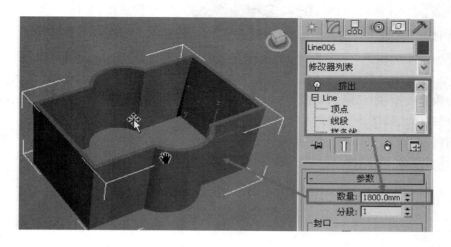

图 5 – 57 　修改【挤出】参数

选择房间墙体,点击【选择并移动】⬚工具,按组合键 Shift + 鼠标左键拖动鼠标,复制房间。选择复制的房间,单击⬚进入【修改】,删除【挤出】修改器,点击【样条线】

⌐⋯⋯ 样条线　　　　　　　　　⌐,删除一条次样条线,再添加【挤出】修改器,可为房间添加地面,同样操作可为房间添加天花,这里不再重复讲解,请读者自行完成。

5.7　样条线【布尔】运算制作镜框

前面应用二维图形的顶点编辑创建镜框,这里我们通过二维图形下闭合子样条线之间的布尔运算创建镜框。了解闭合样条线【布尔】的含义,掌握二维图形下闭合子样条线之间【布尔】运算编辑图形,相比顶点编辑创建某些图形效率更高。

点击命令面板【创建】✳按钮,然后点击【图形】⬚按钮,在－　对象类型　卷展栏下单击　矩形　按钮,在顶视图绘制矩形,如图 5 - 58 所示。确定矩形处于被选择状态,光标在矩形上单击右键,将其转化为可编辑样条线,如图 5 - 59 所示。

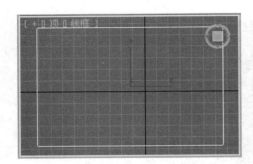

图 5 - 58　创建矩形

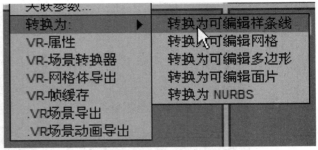

图 5 - 59　转化为可编辑样条线

单击⬚进入【修改】面板,在⬚可编辑样条线　"+"号处点击,便可展开此图形的次物体,单击【顶点】或⬚,进入图形次物体【顶点】层级,如图 5 - 60 所示。

选择编号 4 的顶点(见图 5 - 60),按键盘上 Delete 删除顶点,按住 Ctrl 选择顶点 1、3(见图 5 - 61),将光标置于顶点 1、3 任意点上单击鼠标右键,在弹出菜单中选择【角点】,转化顶点 1、3 为角点类型顶点,结果如图 5 - 62 所示。在顶点层级,点击【优化】添加点,在三角形斜边上添加顶点,如图 5 - 63 所示。

应用【选择并移动】⬚工具,选择刚才添加的点,单击右键转换为【Bezier】点,调整 Bezier 曲柄,结果如图 5 - 64 所示。

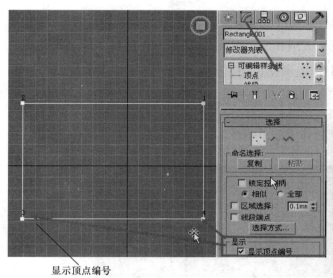

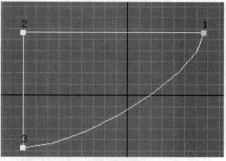

图 5 - 60　显示顶点

图 5 - 61　删除顶点

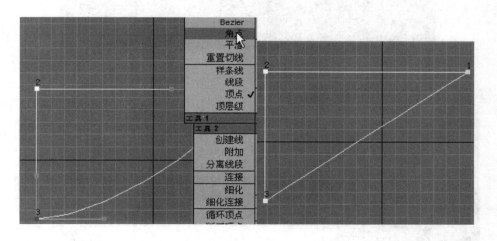

图 5 - 62　转化顶点为角点

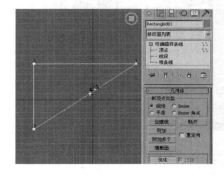

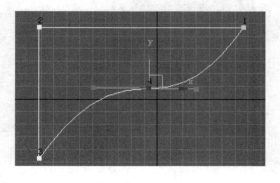

图 5 - 63　斜边【优化】插入点

图 5 - 64　移动点曲柄

149

点击命令面板【创建】☀按钮,然后点击【图形】 ⚲ ,单击█████ 矩形 ██████ 按钮,画出两个矩形,再单击███ 圆 ███按钮,创建一个大圆和两个小圆,如图 5 – 65 所示。确定大矩形变体处于被选状态,单击 ⬛ 进入【修改】面板,激活【几何体】栏目中的【附加多个】按钮,见图 5 – 66,在弹出的对话框中选中全部对象。结果大矩形变体与刚刚创建的两个小矩形、一个大圆、两个小圆合成了含有 6 条次样条线物体的大样条线,刚刚创建的两个矩形、一个大圆、两个小圆已经不是独立物体,而是父级物体下的子物体。

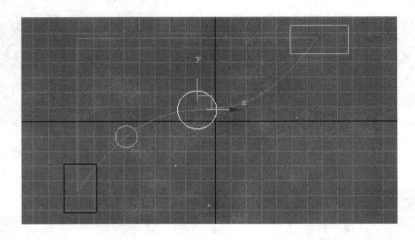

图 5 – 65 选择圆

图 5 – 66 一次性附加操作

150

进入样条线层级 ┊ ···· 样条线 ∧ ，选择三角形次样条线，激活【布尔】，选取 布尔 ⊗ 选项，在视图中依次点击两矩形、中间大圆，原来的三角形、两个矩形、大圆运算成一条大闭合次样条线，如图 5 - 67 所示。

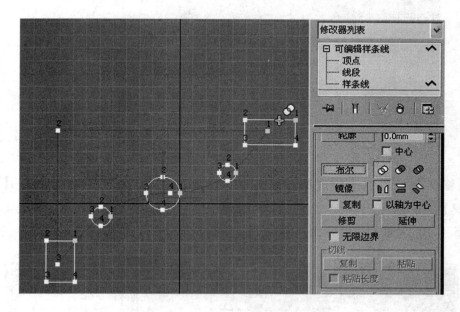

图 5 - 67　【布尔】操作

如图 5 - 68 所示，选取【布尔】下 布尔 ⊗ 选项。依次点击两小圆，进行相减运算，运算后成为一条封闭的样条线而且只有次样条线一条，退出次物体，图形如图 5 - 69 所示。

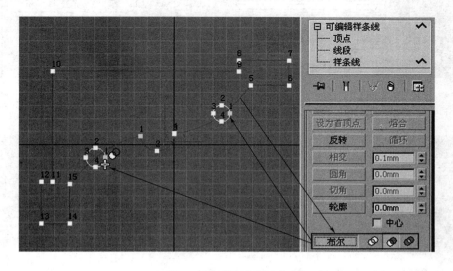

图 5 - 68　【布尔】相减

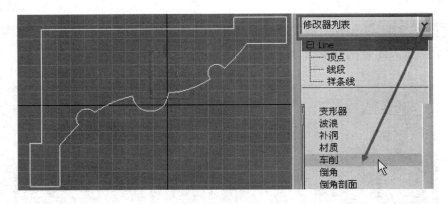

图 5-69　添加【车削】

在【修改器列表】中点击【车削】(见图 5-69),激活次物体【轴】┈┈┈┈┈ **轴** ,应用【选择并移动工具】 在前视图约束 X 轴移动旋转轴,如图 5-70 和图 5-71 所示。其余步骤请参考本书 5.4 中的镜框制作部分,这里不再重复讲解。结果如图 5-72 所示。

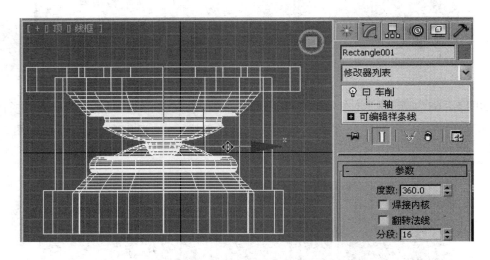

图 5-70　添加【车削】结果

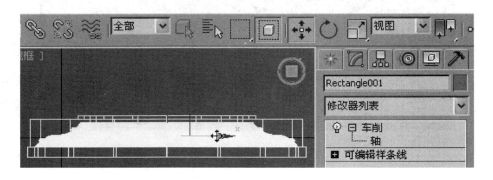

图 5-71　移动次物体轴

图 5 - 72　结果

5.8　应用【复制连接】与【软选择】制作金元宝

通过应用二维图形次物体样条曲线【复制连接】与【软选择】制作金元宝,了解【复制连接】与【软选择】的含义,掌握二维图形下【复制连接】与【软选择】的操作。

启动 3DSMAX,选择菜单栏中【自定义】命令,将单位设置为毫米(mm)。

点击【创建】⁂工具按钮,然后点击【图形】按钮,在 对象类型 卷展栏下单击 椭圆 按钮,在顶视图窗口中拖动鼠标至适当位置后松开即可创建一个椭圆。确认刚才创建的椭圆处于被选择状态,单击 进入【修改】面板,修改椭圆的长度、宽度为所需要的值,例如分别输入长度为 180,宽度为 260,如图 5 - 73 所示。

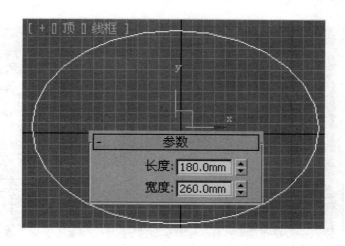

图 5 - 73　创建椭圆

确定刚创建的椭圆处于被选择状态，将光标放在椭圆上单击右键，转化为可编辑样条线，如图 5 - 74 所示。单击 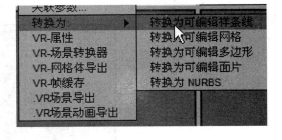 进入【修改】面板，点击 "+" 号处，点击 进入样条线层级，选择椭圆，如图 5 - 75 所示。

图 5 - 74　转化为可编辑多边形

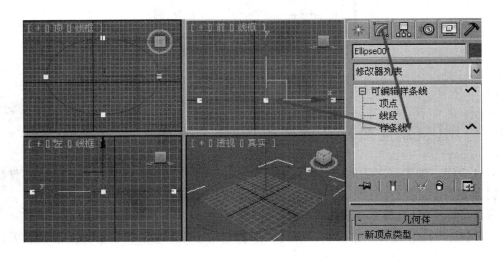

图 5 - 75　激活次物体【样条线】

在【几何体】卷展栏中，勾选【连接复制】选项组中的【连接】复选框，在前视图中按住 Shift + 鼠标左键沿 Y 轴向上移动，复制样条线，如图 5 - 76 所示。

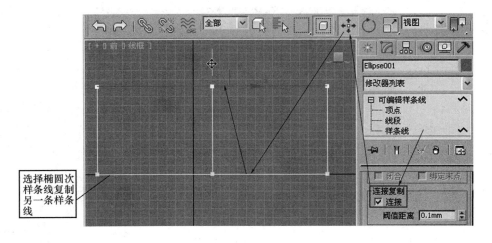

图 5 - 76　复制样条线

在【几何体】栏取消【连接复制】下的【连接】复选框,在【软选择】栏中勾选【使用软选择】复选框,选择刚刚复制出的次样条线椭圆,激活 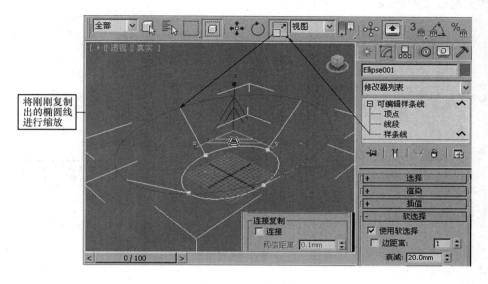【选择并等比缩放】工具,进行等比放大,如图 5 – 77 所示。请读者对比不设置直接缩放情况。

图 5 – 77　样条线缩放操作

再次在【几何体】栏中的【连接复制】下勾选【连接】复选框,在【软选择】栏中取消勾选【使用软选择】复选框,选择上一步刚复制出的次样条线椭圆,激活 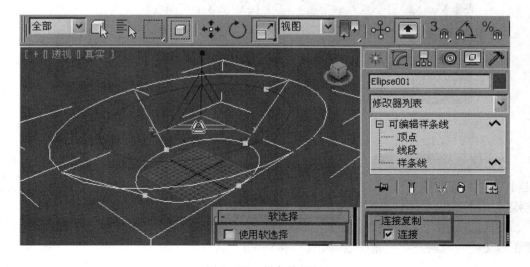【选择并等比缩放】工具进行等比缩放。在透视图中按住 Shift + 鼠标左键约束 *XOY* 平面缩放复制样条线,如图 5 – 78所示。

图 5 – 78　样条线复制

在【几何体】栏中取消【连接复制】下的【连接】复选框,在【软选择】栏中勾选【使用软选择】复选框,选择刚刚复制出的次样条线椭圆,激活 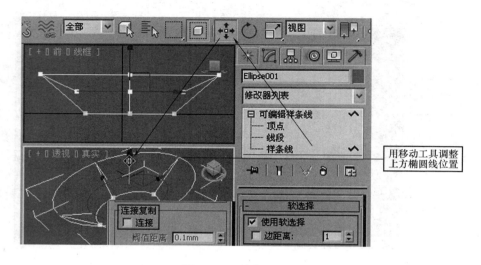【选择并移动】工具,在透视图中将复制出的椭圆线约束 Z 轴下移到适当位置(见图 5-79),再利用 【选择并等比缩放】工具与自动约束缩放成圆形,如图 5-80 所示。

图 5-79 样条线移动

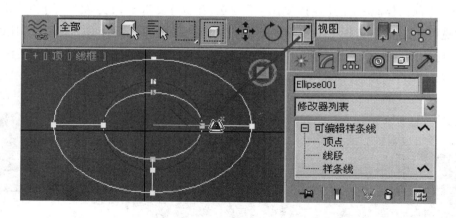

图 5-80 样条线缩放

点击 ➕ 可编辑样条线 下【顶点】或 ⋰ ,进入次物体【顶点】层级,激活【几何体】栏中【连接】按钮,如图 5-81 所示。点击顶点 3,按住鼠标左键至直径的另一顶点 3,用同样方法连接另一对顶点,将刚调整形态的椭圆中间连接出长轴、短轴,如图 5-82 所示。

激活【几何体】栏中【相交】按钮,将鼠标置于刚才创建的一对相交线的交叉点上点击,便在相交处生成两条线的相交点,如图 5-83 所示。

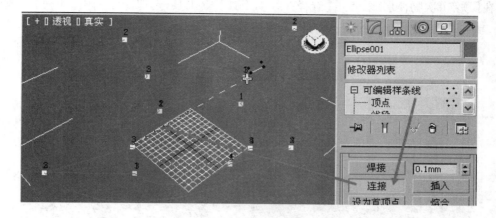

图 5 - 81　中间圆顶点连接操作

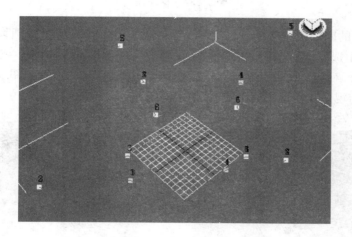

图 5 - 82　完成线框架

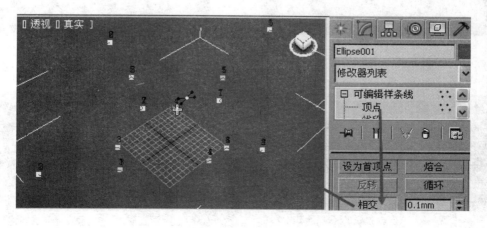

图 5 - 83　交叉线【相交】操作

在【顶点】次物体层级,点击【选择并移动工具】工具,选取刚才利用【相交】生成的点4,沿 Z 轴向上调整到适当位置,如图 5 – 84 所示。

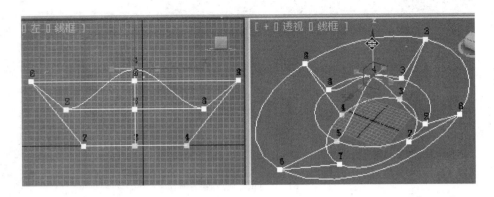

图 5 – 84　移动顶点

选择中间圆的四个顶点中的任意一点,当曲柄如图 5 – 86 所示非圆切方向时,单击右键,在弹出菜单中选择【角点】(单击左键,曲柄情况可在图 5 – 85 和图 5 – 86 间切换),将顶点转化为【角点】,对其余 3 个点进行同样操作。通过上述操作,形态如图 5 – 87 所示,选择顶点 4,分别在前视图和左视图调整曲柄,使中间隆起部分饱满圆润。

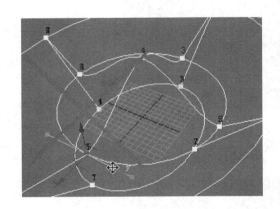

图 5 – 85　错误情况

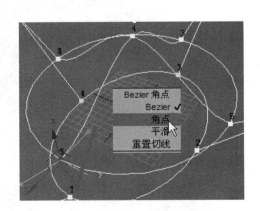

图 5 – 86　正确情况

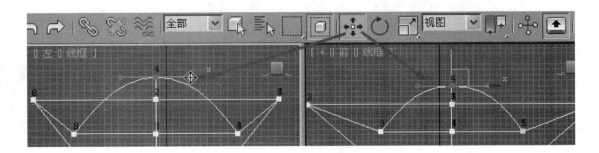

图 5 – 87　移动顶点曲柄

通过上述操作,形态如图 5 - 88 所示,金元宝线框架基本完成。

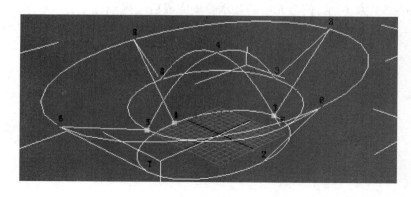

图 5 - 88 线框架完成

选取上椭圆一顶点,图 5 - 89 和图 5 - 90 分别为选取点后显示有曲柄和没有曲柄的情况。当显示没有曲柄时,单击右键,将顶点转换为【平滑】点,完成后对上椭圆其他顶点进行同样的转换。

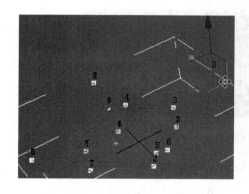

图 5 - 89 错误情况

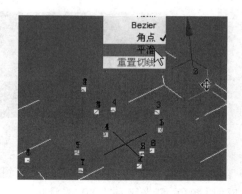

图 5 - 90 正确情况

通过上述操作,金元宝的基本骨架完成,呈现金元宝的雏形,如图 5 - 91 所示。

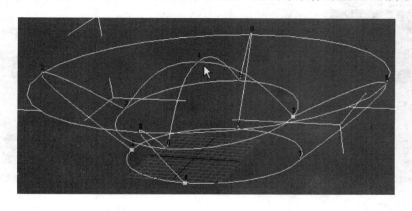

图 5 - 91 线框架调整

点击【选择并移动】 工具,在前视图分别框选上椭圆长轴左右的两顶点并向上移动到适当位置,如图 5 – 92 所示,使金元宝的基本骨架完成后呈现细微变化,两端微微往上翘起,金元宝呈现生动的形态,符合金元宝的实际形状。

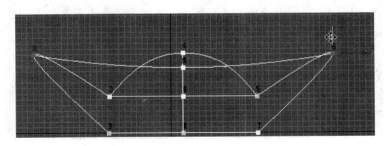

图 5 – 92　向上移动左右两端点

点击 可编辑样条线 下面的 顶点 ,关闭子物体,回到父物体层级,单击 进入【修改】面板,点击【修改器列表】 修改器列表 右边 下拉箭头,在列表中选择【曲面】修改器,如图 5 – 93 所示。

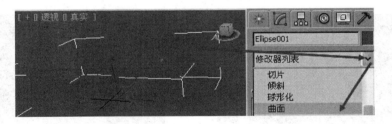

图 5 – 93　添加【曲面】修改器

在键盘上输入法为英文状态时,按 M 键,打开材质编辑器(见图 5 – 94)编辑材质,调整【漫反射】颜色,高光级别为 80,光泽度为 30,然后将调整好的材质球拖动到视窗金元宝上,视窗金元宝如图 5 – 95 所示,最终结果如图 5 – 96 所示。

图 5 – 94　赋材质

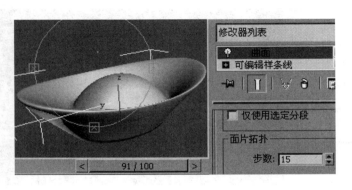

图 5 – 95　赋材质后金元宝

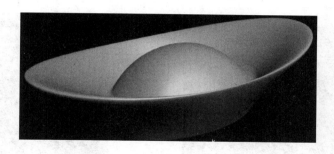

图 5 - 96　最终结果

5.9　应用顶点【焊接】与顶点【圆角】制作钢管椅

通过应用二维图形次物体顶点倒圆角制作钢管椅,了解圆角含义,掌握二维图形下圆角的操作,并具备综合应用其他命令与工具的能力。

点击 3DSMAX 命令面板【创建】 按钮,然后点击【图形】 按钮,在 对象类型 卷展栏单击 线 按钮。在左视图创建如图 5 - 97 所示线。切换顶视图为当前视图,点击【选择并移动】 工具,选取刚才创建的线为当前物体,同时按住 Shift + 鼠标左键对其进行复制,如图 5 - 98 所示。

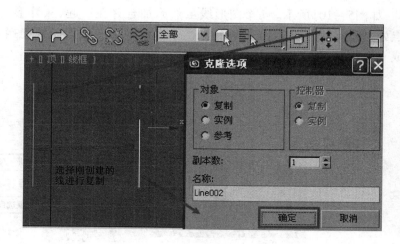

图 5 - 97　左视图创建线　　　　　　图 5 - 98　复制侧面轮廓线

激活【捕捉开关】 ,光标在【捕捉开关】 上单击右键,在弹出的【栅格和捕捉设置】对话框中勾选【端点】,单击【创建】 按钮,然后点击【图形】 按钮,在 对象类型 卷展栏下单击 线 按钮。在透视图利用捕捉分别将两条线的最上端点连接创建线,同样将最下两端点连接创建线,如图 5 - 99 所示。

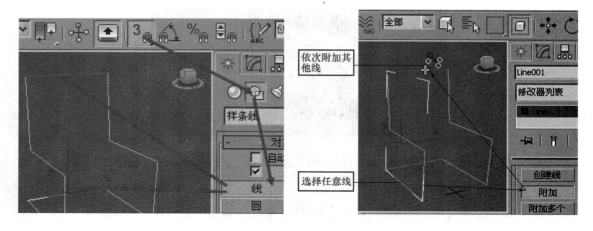

图 5 – 99　在透视图捕捉画线　　　　　　　　图 5 – 100　附加线

如图 5 – 100 所示,选择其中一条直线(如选弧线要右击转化为可编辑样条线),单击 进入【修改】面板,激活【几何体】栏目中的【附加】按钮,将光标移到顶视图中其余的直线与弧上,依次附加到当前直线中。全部附加后 4 条线就成为由 4 条次样条线组成的样条线,每条线与另外一条线的连接处有两个顶点重叠,实际上是断开的,空间上重叠而已。单击 进入【修改】面板,点击 ■ Line　　　　“＋”号处,便可展开此图形的次物体,如图5 – 101所示。4 个图形线虽然附加合并在一起,从外形上看闭合了,但实际上顶点处是没有闭合的,所以要将每条次样条线与另一条样条线连接处重叠的两个顶点焊接成一个顶点。

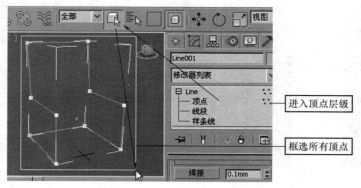

图 5 – 101　激活次物体【顶点】

在图 5 – 102 所示情况下,选择全部顶点,点击【焊接】,如图 5 – 103 所示,每条线与另外一条线的连接处重叠的两个顶点就焊接成一个顶点了,原来 4 条次样条线就变成 1 条次样条线了。

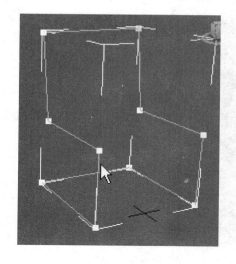

图 5 - 102　选择顶点

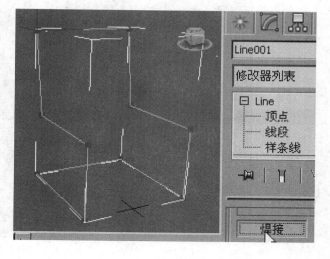

图 5 - 103　选择顶点焊接

　　再次选择所有顶点,激活【几何体】栏下的【圆角】,如图 5 - 104 所示,通过拖动 ▲▼ 来完成倒圆角半径的设置,拖动数值,圆角大小也跟随变化,倒圆角后效果如图 5 - 105 所示。圆角数值须一次性设定,如完成后,再次输入数据或再次左键点击 ▲▼ 拖动,圆角已经不是原来意义的圆角了。

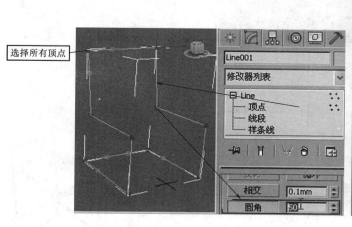

图 5 - 104　顶点【圆角】操作

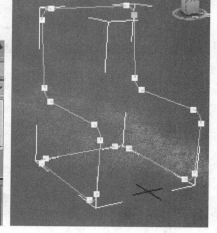

图 5 - 105　圆角情况

　　如图 5 - 106 所示,单击 🖉 进入【修改】面板,修改线的【渲染】栏参数,勾选【在渲染中启用】、【在视口中启用】,设置径向厚度为 20(具体数值根据情况而定)。
　　图 5 - 107 所示的座面靠背拉线部分请读者用【间隔工具】完成,简单渲染效果如图 5 - 108 所示。图 5 - 109 至图 5 - 112 所示家具创建与本案例相同。

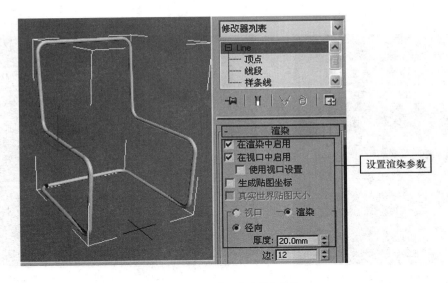

图 5 – 106　设置【渲染】参数

图 5 – 107　视窗效果

图 5 – 108　渲染效果

图 5 – 109　钢管椅 1

图 5 – 110　钢管椅 2

图 5 – 111　钢管椅 3

图 5 – 112　钢管椅 4

5.10　应用二维图形【横截面】与【壳】制作注塑椅

通过对二维图形应用【横截面】与【壳】制作注塑椅,了解【横截面】与【壳】含义,掌握二维图形添加【横截面】的操作,并具备综合应用其他命令与工具的能力。

启动 3DSMAX,选择菜单栏中【自定义】命令,将单位设置为毫米(mm)。点击主命令面板【创建】✧按钮,然后点击【图形】♂按钮,在 ━ 对象类型 卷展栏下单击 线 按钮,在左视图创建如图 5 – 113 所示的线。

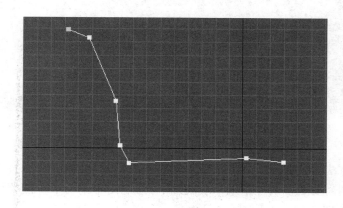

图 5 – 113　创建侧面线

单击 ⦰ 进入【修改】面板,点击 ⊞ Line “ + ”号,便可展开此图形的次物体,点击【选择并移动】✛工具。单击【顶点】或 ⠿ ,进入顶点的编辑状态,全选样条线的所有顶点,在任意视图右击,在弹出的快捷菜单栏中选择【Bezier】选项,转换顶点类型,并对各顶点的手柄进行调整,调整后的形状如图 5 – 114 所示。

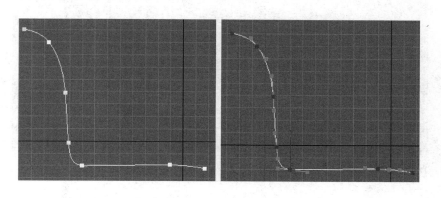

图 5 – 114　调整侧面线形

退出【顶点】次对象编辑,点击 ⋯⋯ 样条线 ⋀ ,进入【样条线】次物体的编辑,选择样条线,利用移动工具,在前视图中按住 Shift 键,向左拖动该对象到合适的位置松开鼠标左键,复制出另一次样条线,如图 5 - 115 所示。然后进入【顶点】编辑模式,调节部分顶点,如图 5 - 116 所示。

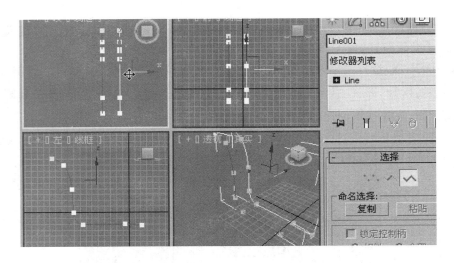

图 5 - 115　复制并调整另一条样条线

　　按照上面的方法再复制出一个样条线。用这三根样条线(由于造型简单,三根样条线即可,若造型复杂,则需要更多的样条线来表现细节)绘制出半个椅子座位及靠背的形状,如图 5 - 116 所示。复制时一定要按照顺序,只能在一个方向上复制。

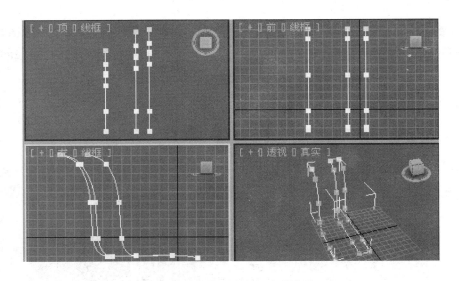

图 5 - 116　复制出第三根样条线

　　如图 5 - 117 所示,在修改【几何体】栏中点击【横截面】,将光标置于右边第一条样条线,光标变成[图]拖动鼠标,按顺序从右至左依次点击第一、第二、第三样条线,自动生成另一个方向的拓扑线,如图 5 - 118 所示。在【修改】面板的下拉列表栏中选择【曲面】命令,为线框蒙皮,效果如图 5 - 119 所示。

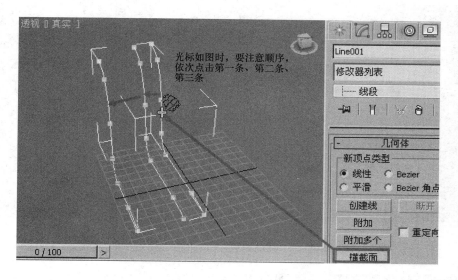

图 5 – 117　应用【横截面】命令

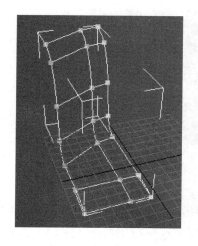

图 5 – 118　生成拓扑线

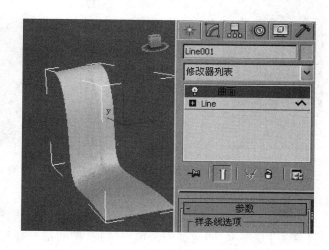

图 5 – 119　添加【曲面】

　　如果对表面的形态不满意,则要重新调整。现在右侧的显示窗口中显示处在【曲面】编辑修改器层次。单击【Line】层级,进入此物体最初的样条线的编辑状态,如图5 – 120所示。这好像很平常,但当单击显示窗口下面的【显示最终效果开关/切换】▮按钮时,视图中的线框回到蒙皮状态,同时可对顶点进行调节,并可以观察到调整的效果。稍作调整后,效果如图5 – 121所示。

　　在堆栈栏【曲面】命令名称上右击,在弹出式菜单中选择【塌陷全部】命令,此时对象就被转换为面片对象,如图5 – 122所示。在前视图单击主工具栏中的▓【镜像】,在弹出的【镜像:世界坐标】对话框中的【镜像轴】选项组中选择 X 单选按钮,在【克隆当前选择】选项组中选择【复制】单选按钮,镜像出另一半椅子靠背,如图5 – 123所示。

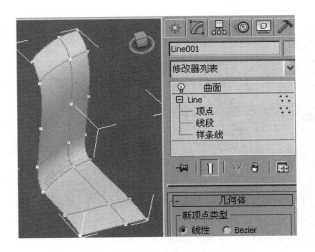

图 5-120　显示最初状态编辑顶点

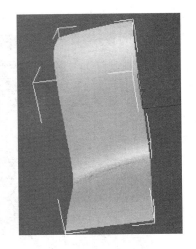

图 5-121　最终效果显示

图 5-122　回到最初状态

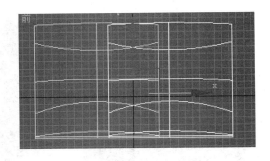

图 5-123　镜像出另一半椅子靠背

在主工具栏单击 **3** 【捕捉开关】按钮,并右击,在弹出的【栅格和捕捉设置】对话框中选择【端点】复选框,捕捉类型为顶点捕捉,把两部分捕捉在一起,应用【附加】命令,将其中的一个对象设为另一个对象的附加对象,如图 5-124 所示。

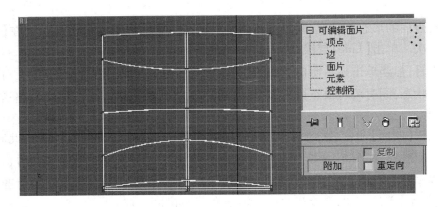

图 5-124　附加另一个对象

进入【顶点】次对象编辑模式,选择中间的一排顶点,单击【焊接】选项组下的【选定】,如图 5－125 所示。如发现中间焊接后有隆起的部分,可以通过调节顶点的手柄实现平滑。

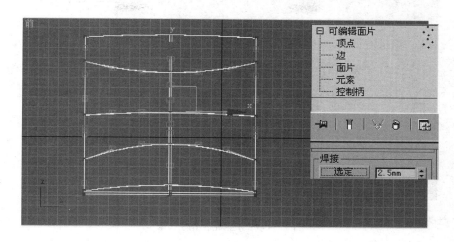

图 5－125　焊接中间一排顶点

单击 进入【修改】面板,在下拉列表中添加【壳】命令。在其【参数】栏把【内部量】和【外部量】的数值都设为 1。

选择对象,单击对象将其转化为可编辑多边形,进入【边】次对象编辑模式,选择最外围的边,在【编辑边】卷展栏中,单击【挤出】命令按钮,在弹出的【挤出】对话框中高度的数值设为 150、宽度的数值设为 50,单击【应用并继续】按钮;再输入高度的数值设为 －150、宽度的数值设为 100,单击三次【应用并继续】按钮;最后,高度的数值设为 －120,宽度的数值设为 50,单击两次【应用并继续】命令按钮,效果如图 5－126 所示。以上【挤出】参数根据实际情况灵活调整。

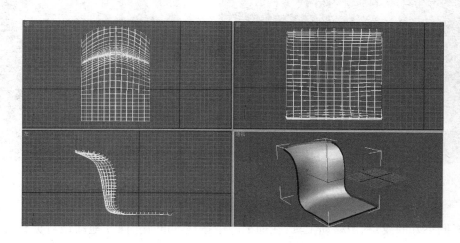

图 5－126　抽壳并挤出边缘

关闭【挤出】对话框,单击 进入【修改】面板,在下拉列表中添加【涡轮平滑】,效果如

图 5 – 127 所示。

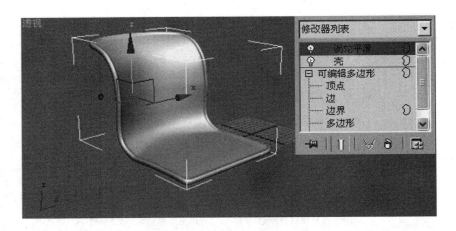

图 5 – 127　【涡轮平滑】效果

点击主命令面板【创建】 按钮,然后点击【图形】 按钮,在面板内下拉列表栏内 ── 对象类型 卷展栏下单击 线 按钮,在【左】视图创建一条如图 5 – 128 所示的曲线。单击 进入【修改】面板,在【选择】卷展栏内单击【顶点】按钮,进入顶点的编辑状态,选择样条线的所有顶点,在任意视图右击,在弹出的快捷菜单栏中选择【Bezier】选项,转换点类型,并对各顶点的曲柄进行调整,调整后的形状如图 5 – 129 所示。

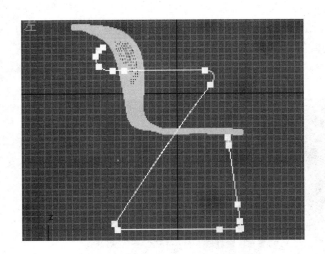

图 5 – 128　创建曲线

图 5 – 129　调整后的形状

选择调整好的线,利用移动工具,在前视图中按住 Shift 键,向左拖动该对象到合适的位置松开鼠标左键,然后在弹出的【克隆选项】对话框【对象】选项组中选取【实例】复选框,最后单击【确定】按钮,复制出另一根样条线。然后单击 【显示】命令面板下的【隐藏】卷展栏中的【按点击隐藏】命令按钮,在任意视图中隐藏座面对象。再单击主工具栏中 【捕捉开关】按钮,并右击,在弹出的【栅格和捕捉设置】对话框中选择【端点】复选框,确定捕捉类型为顶点捕捉,用【线】命令把两部分捕捉连接在一起,再用【附加】命令,将三个对象设为其中的一个对象的附加对象。如图 5 – 130 所示。

　　进入【顶点】次对象编辑模式,选择捕捉连接的四个顶点,单击【几何体】卷展栏中的【焊接】命令,再单击【圆角】按钮,设置适当的圆角数值,倒圆角后如图 5 – 131 所示。然后点击命令面板【创建】 ✦ ,在【几何体】 ○ 下单击【标准基本体】 标准基本体 ▼ 中的圆柱体 圆柱体 ,在左视图创建一个半径为 160,高度为 3500 的圆柱体,再创建另一个半径为 160,高度为 4000 的圆柱体。单击 ⟋ 进入【修改】面板,在下拉列表中添加【平滑】修改器,将其参数卷展栏中【平滑组】选项组设为 2,两个圆柱体平滑如图 5 – 132 所示。再利用移动工具将它们移动到合适位置。

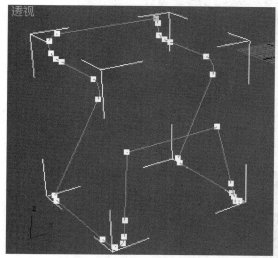

图 5 – 130　附加对象

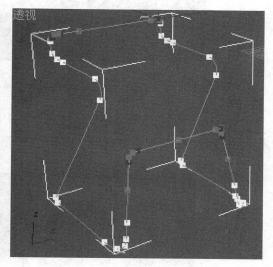

图 5 – 131　四个顶点圆角

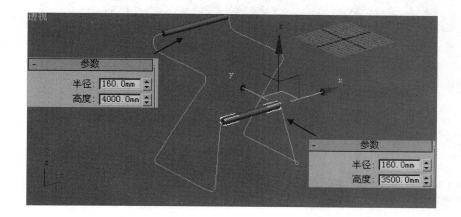

图 5 – 132　创建两个圆柱体及参数设置

按照上面的方法,在前视图创建两个半径为 160,高度为 3000 的圆柱体。把两个圆柱体进行平滑。再利用移动工具把它们移动到合适位置。选择样条线,在【渲染】卷展栏下勾选【在渲染中启用】和【在视口中启用】两个选项,并将【径向】选组中的【厚度】数值设为 150。效果如图 5 – 133 所示。

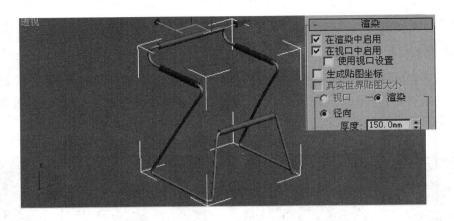

图 5 – 133　创建另两个圆柱体及样条线效果

最后单击 【显示】命令面板卷展栏中的【全部取消隐藏】命令按钮,取消隐藏座面对象。最终生成的注塑椅子模型如图 5 – 134 所示。将场景文件保存为"注塑椅子 . max"。

图 5 – 134　渲染结果

注意:由于单独创建椅子,各参数放大了 10 倍,在实际非单独建模时,如果第一步就按照实际现实情况建模,以上各参考尺寸请缩小为参考数据的十分之一。

第 6 章 【复合对象】建模

在前面,我们讲过的建模,要么是由命令面板直接建模,要么是由一个单体通过修改或添加修改器建模,在二维图形我们学过一个图形附加其他图形建模,但本质上还是一个对象编辑建模,本章我们要讲两个对象的组合建模,这种组合根据复合建模工具的不同,可以是几何体,也可以是二维图形。3DSMAX 系统提供了【变形】、【散布】、【一致】、【连接】、【放样】、【布尔】、【图形合并】等十二种复合对象建模工具。由于时间和本书篇幅关系,这里我们只讲解最常用的、对家具建模最重要的【放样】、【布尔】、【形合并】三种复合对象建模工具。

点击命令面板【创建】 ，在【几何体】 下单击【标准基本体】 标准基本体 右侧的 下拉式按钮,选择【复合对象】 复合对象 ,就可以看到【变形】、【散布】、【一致】、【连接】、【放样】、【布尔】、【图形合并】等十二种工具的【复合对象】面板,如图 6－1 所示。

图 6－1 【复合对象】面板

6.1 【放样】建模

本节将介绍【放样】命令,它是我们在家具设计时常用的一种创建造型方法,在造型制作上有着很大的灵活性,可以制作桌腿、桌布、天花角线、竹子、家具边收口等造型,还可以创建各种特殊形态的造型。不仅如此,3DSMAX【放样】工具还为物体创建提供了强大的修改编辑功能,为更加灵活地控制放样物体的形态提供方便与自由。

【放样】（Loft）自身也有一些弱点，步骤相对繁琐，作图的精确度很难控制。除了这些之外，用放样制作的造型面数相对较多，这也是应该注意的问题。

6.1.1 【放样】对象创建

作为一个功能强大的创建命令，其命令面板内容繁多。点击命令面板【创建】 ，在【几何体】 下单击【标准基本体】 标准基本体 右侧的 下拉式按钮，选择【复合对象】 复合对象 ，然后单击 放样 （Loft）按钮，可以看到它的参数卷展栏。放样的命令面板包括【创建方法】、【路径参数】、【曲面参数】、【蒙皮参数】四个卷展栏。

6.1.2 【放样】参数详解

【放样】参数与设置选项繁多，后面在修改命令面板中也还有诸多参数与选项，很难做到一一介绍，这里只选择难以理解和非常重要的参数与设置选项进行讲解。

◆【创建方法】：该卷展栏确定放样造型的方法，以及放样造型与截面、路径的关系，如图 6－2 所示。

●【获取路径】：选择截面后，单击此按钮，就可以在视图中选择将要作为路径的线形，从而完成放样的过程。

●【获取图形】：选择路径后，单击此按钮，就可以在视图中选择将要作为截面的线形，从而完成放样的过程。注意，创建实体形体的话，截面图形一般为闭合的图形，如果为非闭合图形，创建出的物体将是面片体。

●【移动】/【复制】/【实例】：确定路径、截面与放样产生的造型之间的关系。一般我们使用默认的【实例】选项，用【实例】生成的放样对象后，可以通过修改生成放样对象的样条曲线来方便地修改放样对象。

◆【路径参数】：路径参数就是在路径上排列截面从而产生几何体，对于放样造型来说，一个点上只有一个截面，但是一条路径上有无数个点，因此，放样造型可以获取无数个截面。应用放样制作家具模型时往往需要应用多个截面进行放样，这也正是 3DSMAX 放样建模的强大之处，在路径参数不同位置可设置不同截面，放样可以创建简单修改器无法创建的家具模型。【路径参数】卷展栏下的参数项如图 6－3 所示。

●【路径】：通过此项来设置将选择截面在路径上的位置，具体的参数含义由【百分比】、【距离】、【路径步数】决定。

图 6－2　【创建方法】卷展栏

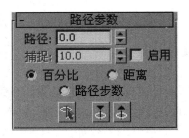

图 6－3　【路径参数】卷展栏

●【捕捉】:设置捕捉单位变量,若选择为20,然后勾选【启用】复选框,则路径参数栏的数值将以20为单位进行变化。

●【百分比】:激活此项,则路径参数栏中将以百分率的形式表示当前路径位置。

●【距离】:选中此项,路径参数栏中将以实际距离来表示当前路径位置。

●【路径步数】:以路径样条曲线上的步数来表示当前路径位置。

● 【拾取图形】:用于选择路径上已有图形的位置,以便随时更换。

● 【上一个图形】、【下一个图形】:用于在路径上各已有截面的选择。

◆【曲面参数】:主要用来调整放样造型表面的类型、光滑方式及程度、贴图坐标等,如图6-4所示。

●【平滑】:用于设置放样物体表面光滑参数。

●【平滑长度】:在路径方向上光滑放样表面,如图6-5所示。

●【平滑宽度】:在截面圆周方向上光滑放样表面,如图6-5所示。

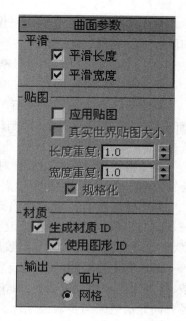

图6-4 【曲面参数】卷展栏

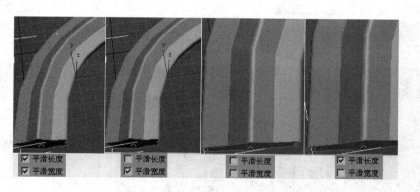

图6-5 不同【平滑】选项设置对比

●【应用贴图】:控制放样贴图坐标,勾选此按钮,系统会根据放样对象的形状自动赋予贴图坐标。

●【长度重复】:设置贴图在放样对象路径方向上的重复次数。

●【宽度重复】:设置贴图在放样对象截面圆周方向上的重复次数。

●【规格化】:决定顶点的间距是否影响长度方向上以及截面圆周方向上的贴图。选中该复选框,顶点对贴图没有影响,贴图将在长度与截面圆周方向上均匀分布;当未选中该复选项时,放样路径的分段和放样截面的顶点都将影响贴图坐标,贴图的坐标及其重复次数都将与放样路径的分段间隔和放样截面的顶点间距成正比。

◆【蒙皮参数】：主要用来设置放样造型各个方向上的段数以及表皮结构，如图 6-6 所示。

●【封口始端】：使放样对象路径起点处封闭。

●【封口末端】：使放样对象路径终点处封闭。

●【图形步数】：控制放样对象路径上截面图形点与点间的步数，它取代截面二维图形原有参数中的步数设置，值越大截面圆周方向段数越多，表面越光滑。

●【路径步数】：控制放样对象路径点与点间的步数，路径方向段数越多，表面越光滑。

●【优化图形】：计算机自动处理路径上截面图形点与点间的步数，将直线段步数设置为 0，加快计算机运行速度，做到截面型光滑效果与步数最优化。

●【优化路径】：计算机自动处理路径点与点间的步数，将直线段步数设置为 0，加快计算机运行速度，做到路径方向光滑效果与步数最优化。

6.1.3 创建简单【放样】对象

在顶视图创建一个星形及一条稍微歪曲的线，确认线为当前物体，点击命令面板【创建】 ，在【几何体】 下单击【标准基本体】 标准基本体 右侧的 下拉式按钮，选择【复合对象】 复合对象 ，然后单击 放样 按钮，如图 6-7 所示。

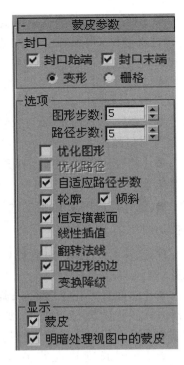

图 6-6 【蒙皮参数】卷展栏

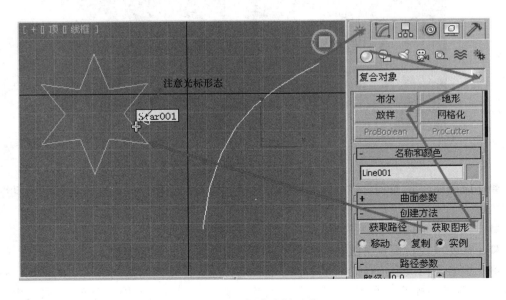

图 6-7 创建放样图形

在 - 创建方法 栏点击 获取图形 按钮，将光标移到顶视图星形图形上,当光标变成图6-7所示状态时,点击鼠标,以曲线为路径,星形为截面的放样几何体便生成,如图6-8所示。

选择最初创建的星形为当前物体,单击 ⬚【修改】面板,修改星形图形参数,设置【圆角半径】,改变星形图形参数,可以实时看到放样物体也出现变化,如图6-9所示。这就是创建方法中【关联】复选项的功能含义。

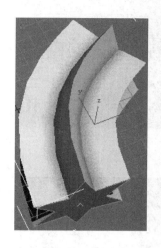

图6-8　创建放样对象

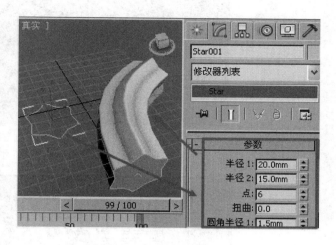

图6-9　修改【截面】图形参数

6.1.4　利用路径参数创建复杂形体

前面我们讲了在路径上设置一个截面的情况,这种单一截面图形放样体往往是简单的形体,要创建更为复杂的形体,路径上可以设置多个截面图形,这样造型也就复杂多了。理论上路径上可以设置无穷多的截面图形。

在顶视图创建一个星形、圆、倒角矩形,在前视图创建一条稍微歪曲的线,确认线为当前物体,点击命令面板【创建】 ⬚ ,在【几何体】 ◉ 下单击【标准基本体】 标准基本体 右侧的 ⬚ 下拉式按钮,选择【复合对象】 复合对象 ,然后单击 放样 按钮,在路径参数【路径】数值框中输入0,这里"0"指的是离路径起点0%距离的地方,也就是路径起始点,如图6-10所示。

在【创建方法】 - 创建方法 栏下点击 获取图形 按钮,将光标移到顶视图星形图形上,当光标变成 ⬚ 状态时,点击鼠标,以曲线为路径,星形为界面的放样几何体便生成了,如图6-11所示。

在路径参数【路径】数值框中输入50,这里的"50"指的是离路径起点50%距离的地方,也就是路径中点,如图6-11所示。

再次在【创建方法】 - 创建方法 栏中点击 获取图形 按钮,将光标移到顶视图圆上,当光标变成图6-11中所示状态时,点击鼠标,以曲线为路径,起始端以星形放样,逐渐过渡到以圆为截面放样的几何体就生成了,如图6-12所示。

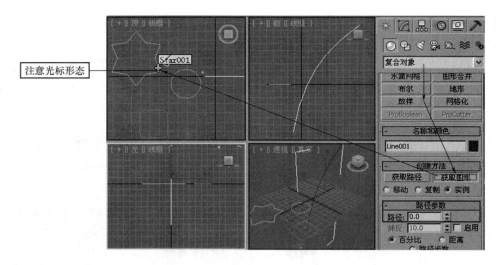

图 6－10　创建放样对象

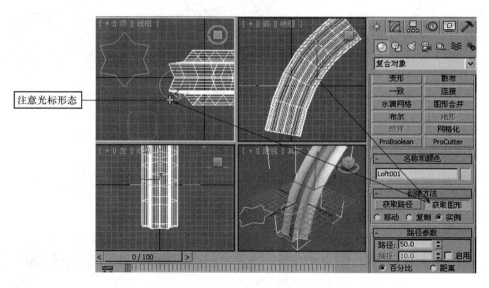

图 6－11　获取截面图形二

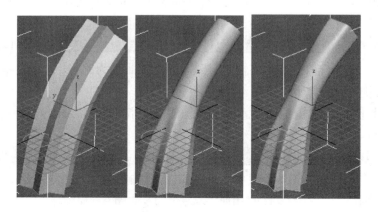

图 6－12　获取第一、二、三个放样截面图形后放样几何体的变化

在路径参数栏【路径】数值框中输入 100，点击 [获取图形] 按钮，将光标移到顶视图矩形上，点击鼠标，以曲线为路径，起始端以星形放样，逐渐过渡到以圆为截面，再逐渐过渡到矩形的放样的几何体就生成了，如图 6 - 13 所示。对于设计人员来说，能建造型越复杂越好，这样更能满足设计的个性要求，这也是设计的灵魂，最终结果如图 6 - 14 所示。

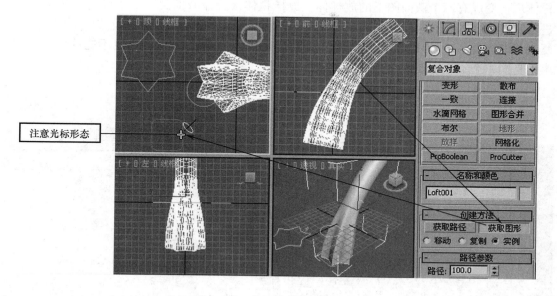

图 6 - 13 获取放样截面图形三

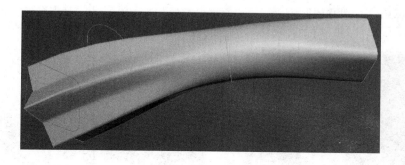

图 6 - 14 最终结果

6.1.5 放样形体子物体修改

放样功能之所以强大，不仅仅在于可以通过它使二维图转化成三维立体，放样物体和其他物体一样由次物体组成，通过次物体编辑可实现对放样对象的截面修改，这些命令包括对截面型的移动、复制、旋转、缩放。

选择截面放样物体为当前物体，点击 [修改] 面板，在面板中点击 [Loft] 前边的 "+" 号，展开放样物体的子物体【图形】与【路径】，如图6-15所示。视图放样体上选择截面图形，截面图形放样在体上很明显，一般以绿色显示。截面图形被选取之后往往以红色显示。

激活图形层级子物体,单击【选择并移动】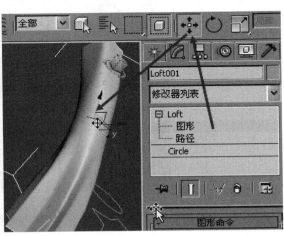工具,在任意截面图形上点击鼠标,然后按住 Shift 进行约束 Z 轴移动复制,如图 6－16 所示。截面图形的复制操作与一般对象复制操作一样出现对话框,如图 6－17 所示。对截面图形进行复制后,原来只有三个截面图形的放样体现在变成有四个截面图形的放样体。放样物体次物体截面图形处于被选择状态,还可进行旋转、缩放等变换操作,如图 6－18 所示;截面图形可进行移动复制,但是不能进行旋转复制与缩放复制,因为路径同一个点上不能有两个截面,即使移动复制,也不能约束 X、Y,理由也是同一个点上不能有两个截面。

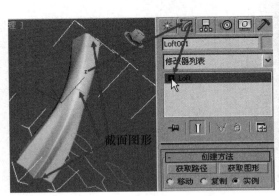

图 6－15　截面图形

图 6－16　选取次物体图形

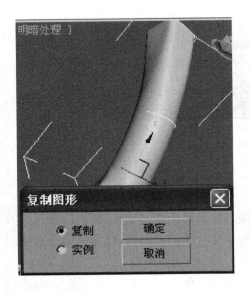

图 6－17　复制次物体

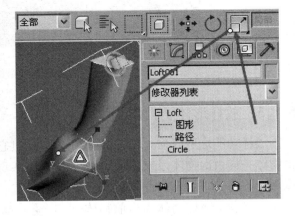

图 6－18　缩放次物体图形

6.1.6 放样物体扭曲与修正

在顶视图创建一个半径为 30 的圆、一个边长为 60 的正方形,在前视图创建一条直线,确认直线为当前物体,点击命令面板【创建】 ，在【几何体】 下单击【标准基本体】 标准基本体 右侧的 下拉式按钮,选择【复合对象】 复合对象 ,然后单击 放样 按钮,在路径参数【路径】数值框中输入 0,如图 6 - 19 所示。

在【创建方法】- 创建方法 栏点击 获取图形 按钮,将光标移到顶视图矩形图形上,当光标变成 状态时,点击鼠标,如图 6 - 19 所示,以直线为路径,矩形为截面放样创建一个长方体,如图 6 - 20 透视窗所示。

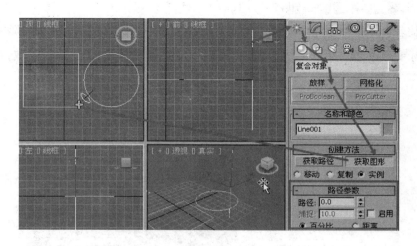

图 6 - 19 获取矩形

在路径参数【路径】数值框中输入 100,这里的"100"指的是离路径结尾端点 100% 距离的地方,如图 6 - 20 所示。

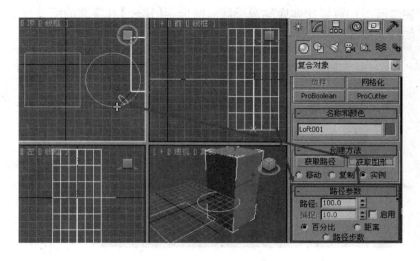

图 6 - 20 获取圆

再次在【创建方法】— _____ 创建方法 _____ 栏点击 _____ 获取图形 _____ 按钮,将光标移到顶视图圆上,当光标变成 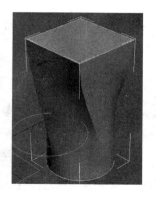 状态时,点击鼠标,以曲线为路径,起始端以星形放样,逐渐过渡到以圆为截面放样的几何体就生成了,如图 6 – 21 所示。放样出来的几何形体有明显的扭曲现象,原因是圆和矩形在放样初始方向上有错位,也就是起点不在同一方向上,下面应用【比较】观察。确认生成的放样体处于被选择的当前物体状态,点击 _____ 【修改】面板,在面板中点击 _____ Loft _____ 前边的 _____ "+"号,展开放样物体的子物体,选择【图形】,再点击【图形命令】栏下面的 _____ 比较 _____ 按钮,弹出【比较】观察框。

图 6 – 21　放样结果

点击【比较】观察框的【拾取图形】 _____ 按钮,将光标移到放样物体顶端矩形截面图形所在位置,光标变成 _____ 拾取图形,矩形便出现在【比较】观察框的图形显示区域,如图 6 – 22 所示。

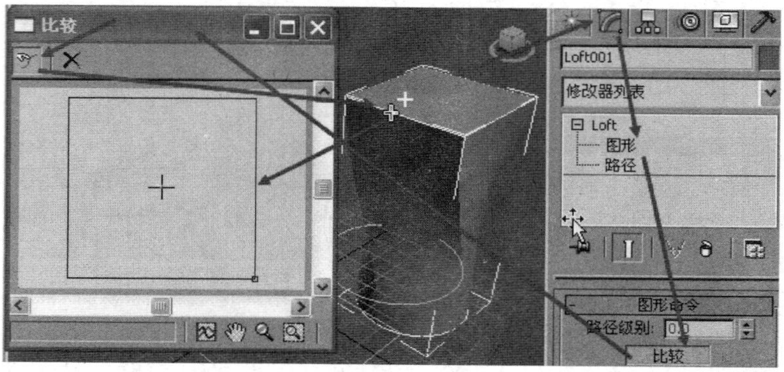

图 6 – 22　打开【比较】拾取次物体矩形

重复上述步骤添加放样物体底端圆形截面图形到【比较】观察框的图形显示区域。操作方法与结果如图 6 – 23 所示。

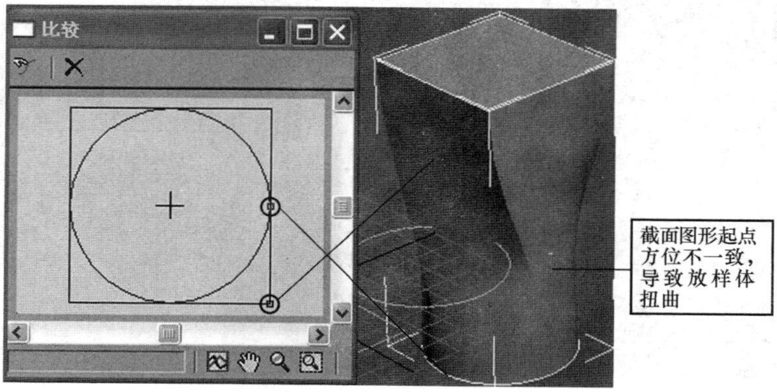

截面图形起点方位不一致,导致放样体扭曲

图 6 – 23　拾取次物体圆

确认放样体 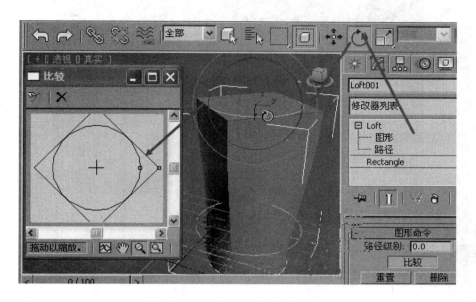【修改】面板 ➕ Loft 次物体层级为【图形】,单击 ↻【选择并旋转】,将光标移到放样物体顶端矩形截面图形所在位置,选择放样物体顶端次物体矩形截面绕 Z 轴进行旋转,在【比较】对话框矩形起始点就会与圆形起始点在同一线上,从放样体可以看出扭曲情况已消除,如图 6 - 24 所示。

图 6 - 24 旋转次物体矩形

说明:【比较】框仅用于观察截面旋转、缩放情况,便于操作更精准,如果操作非常熟练,就没有必要打开【比较】框,其对建模本身不起任何作用,仅用于观察。

6.1.7 放样形体的变形

放样物体的修改除了对子物体进行编辑外,另外还设置专门的【变形】卷展栏,有【缩放】、【扭曲】、【倾斜】、【倒角】、【拟合】5 个修改工具。单个放样物体处于当前物体状态时,单击 ▧【修改】面板,就可以看到【变形】 ➕ 变形 卷展栏,点击 ➕ 展开,便出现该 5 种修改工具,如图 6 - 25 所示。这 5 个命令是放样【修改】自带的专用工具,分别可对放样物体进行不同功能的编辑。

◆【缩放】:对放样截面在 X、Y 轴方向上的缩放变形操作。
◆【扭曲】:对放样截面在 X、Y 轴方向上的扭曲变形操作。
◆【倾斜】:对放样截面在 Z 轴方向上的倾斜变形操作。
◆【倒角】:对放样模型产生倒角变形操作。
◆【拟合】:进行拟合放样建模,功能强大,但是难于理解,操作难度较大。

上述 5 个修改器专属于放样体修改器,不支持其他类型几何体修改,例如不能将长方体进行上面的编修缩放操作。

这 5 个修改工具均有各自独立的操作界面,相同的按钮、参数具有相同的意义与操作方法。如图 6 - 26 所示,放样体处于被选择状态,单击 ▧【修改】,点击【变形】

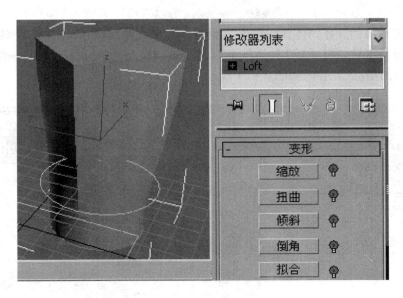

图 6 – 25　变形面板

变形卷展栏前面的 + 展开,再点击 缩放 ,弹出【缩放变形】控制窗口。

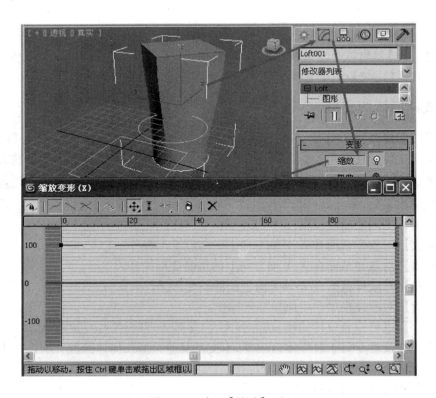

图 6 – 26　打开【缩放】面板

【缩放】是一个功能强大的变形工具,通过对放样体切面在 X、Y 轴方向上的等比缩放或非等比缩放,使放样体在路径切面发生变形从而改变放样体造型。展开【变形】卷展栏,单击【缩放】 缩放 按钮弹出缩放变形控制窗口,窗口工具按钮与标尺含义如下:

● 【均衡】:此项使放样体路径上截面或切面图形在 X、Y 轴上均匀等比缩放。

● 【显示 X 轴】:显示放样体路径上截面或切面图形 X 轴方向缩放控制线。

● 【显示 Y 轴】:显示放样体路径上截面或切面图形 Y 轴方向缩放控制线。

● 【显示 XY 轴】:显示放样体路径上截面或切面图形 X 轴、Y 轴方向缩放控制线。

● 【添加控制点】:此项处于激活状态,在控制线上可以添加控制点。

● 【移动控制点】:激活此项,可移动控制点位置,场景放样对象的轮廓会随控制点位置的变化而变化,在移动控制点时,单击右键弹出菜单,可改变控制点类型。

● 【删除控制点】:与 【添加删除点】相反,将当前点删除。

● 【重置曲线】:将控制线恢复到初始状态。

对图 6 – 26 放样体进行控制点添加、移动、转换操作所引起的造型变化,如图 6 – 27 所示。

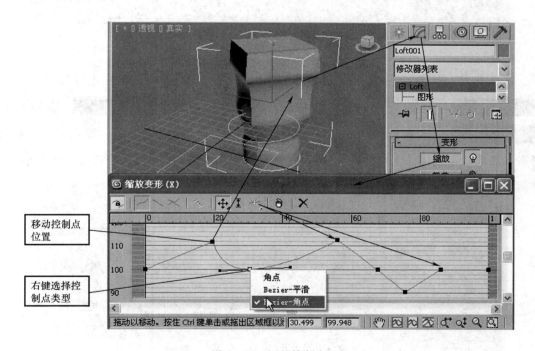

图 6 – 27　调整控制点

185

6.1.8 应用放样【变形】制作竹子

启动 3DSMAX 中文版,选择菜单栏中【自定义】命令,将单位设置为毫米(mm)。点击命令面板【创建】 ✳,单击 🔾【图形】按钮,在【样条线】 样条线 ✔ 的【对象类型】 对象类型 卷展栏中点击 线 按钮,创建一条曲线,再单击 圆 按钮,创建一个圆,如图 6-28 所示。

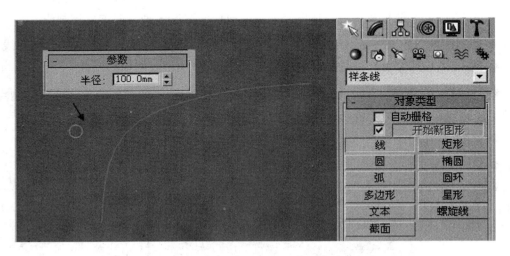

图 6-28 创建圆形截面和一条路径线

选择曲线,点击命令面板【创建】 ✳,在【几何体】 🔾 下单击【标准基本体】 标准基本体 右侧的 ✔ 下拉式按钮,选择【复合对象】 复合对象 ,然后单击 放样 按钮,激活【获取图形】后到视窗点击圆,就生成了如图 6-29 所示的放样体形态。如果觉得放样体太粗或太细,可直接选择圆并单击 ⬀【修改】来修改放样体大小。

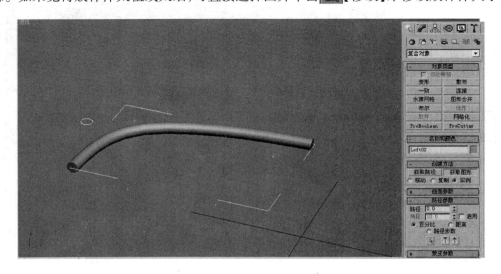

图 6-29 放样后的圆柱体

单击 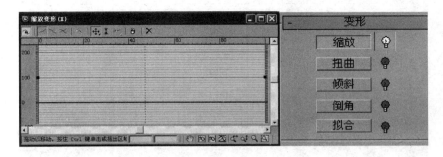【修改】，再单击修改面板下方【变形】卷展栏下的【缩放】按钮，如图 6 – 30 所示。弹出【缩放变形】控制对话框。

图 6 – 30　选择【缩放】按钮

选择【缩放变形】对话框中的 【插入角点】按钮，用鼠标在线条上创建 5 个新的节点。单击对话框内的 【移动控制点】，框选中间的节点，向下移动后再框选中间三个节点，向上移动，最后框选左右两个节点，用鼠标右键单击其中一个节点，在弹出的菜单中选择【Bezier – 角点】项。根据视图中物体的变化进行调整形态，如图 6 – 31 所示。并请注意各点与标尺对应数值大小。

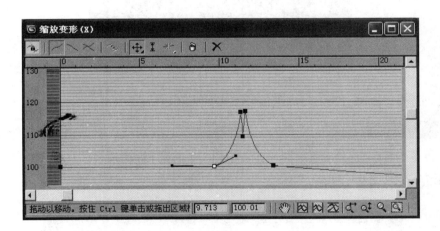

图 6 – 31　【缩放变形】对话框

用鼠标在线条上再创建 15 个新的节点，继续重复上述步骤，进行调整形态。效果如图 6 – 32 所示。

单击【关闭】按钮关闭【缩放变形】对话框，最终生成竹子的模型如图 6 – 33 所示。选择菜单栏【文件】中的【保存】命令，将场景文件保存为"竹 . max"。

6.1.9　应用【放样】创建欧式实木家具腿

启动 3DSMAX 中文版，选择菜单栏中【自定义】命令，将单位设置为毫米（mm）。点击命令面板【创建】 ，单击 【图形】按钮，在【样条线】　　　　　样条线　　　　　 的【对象

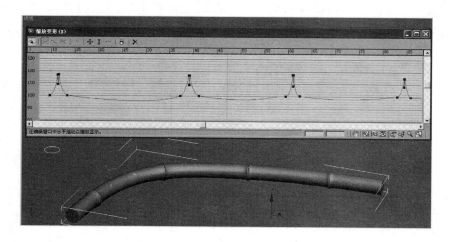

图 6 – 32 调整缩放变形的形态效果

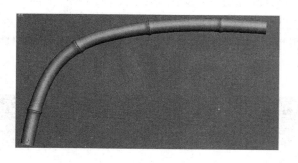

图 6 – 33 生成的竹模型

类型】- ▢▢▢ 对象类型 ▢▢▢ 卷展栏中点击 ▢▢ 线 ▢▢ 按钮,在前视图创建一条直线,如图 6 –
34 所示。再单击 ▢▢ 圆 ▢▢ 按钮绘制一个半径为 25 的圆形,在顶视图中绘制一个长和宽都
为 50 的正方形(见图 6 – 34)。

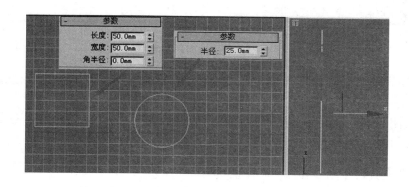

图 6 – 34 创建正方形、圆形和一条路径

在前视图中选择直线,点击命令面板【创建】 ![icon],在【几何体】 ![icon] 下单击【标准基本体】 ，**标准基本体** 右侧的 ![icon] 下拉式按钮,选择【复合对象】 **复合对象** ,然后单击 **放样** 按钮,再单击【获取图形】按钮,在顶视图中单击正方形,生成的放样物体如图 6 – 35 所示。

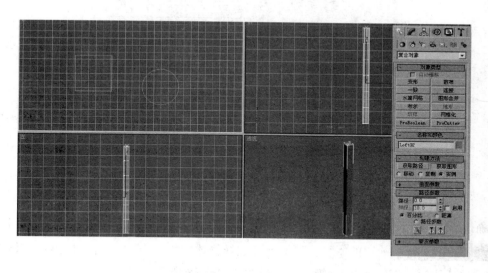

图 6 – 35　此时生成放样物体

在【路径参数】卷展栏下的【路径】右侧窗口中输入参数 10,再次单击【获取图形】按钮,在透视图中单击正方形,确保位于此放样物体的 10% 的位置是正方形;再输入 15,获取圆形,确保位于此放样物体的 15% 的位置是圆形;再次输入 75,获取圆形。形态如图 6 – 36 所示。再输入 80,获取正方形,确保位于此放样物体的 80% 的位置是正方形;再次输入 90,获取正方形,确保位于此放样物体的 90% 的位置是正方形;再次输入 100,获取圆形,放样体的形态如图 6 – 37 所示。

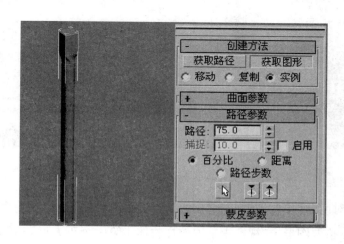

图 6 – 36　获取圆形后的效果

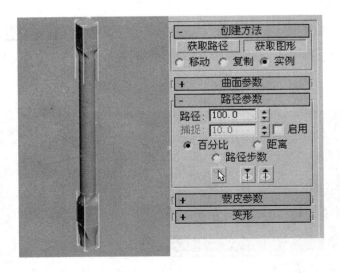

图 6 – 37　生成的造型

确认刚创建的放样体处于被选择状态,点击 【修改】面板,在面板中点击 **Loft** 前边的 "+"号,展开放样物体次物体,选择【图形】,再点击【图形命令】栏下的【比较】按钮,弹出【比较】观察框,如图 6 – 38 所示。

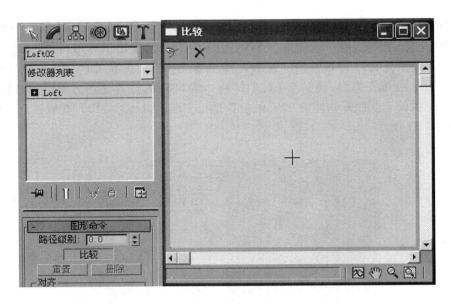

图 6 – 38　变亮状态下的【Loft】与【比较】对话框

点击【比较】对话框【拾取图形】 按钮,将光标移到放样物体顶端矩形截面图形所在位置,光标变成 拾取图形,在视窗中拾取放样物体中第一个正方形和 10% 的正方形,矩形便会出现在【比较】观察框图形显示区域。然后在透视图中选定第一个正方形,在主工具栏中选择【旋转】按钮,逆时针旋转45°;再选定10%的正方形,右键选择【旋转】按钮,逆时针旋转45°。旋转后的形状如图6-39所示。

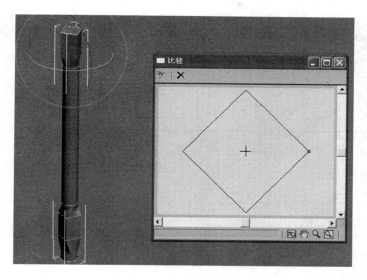

图6-39 旋转后的形状

激活【比较】对话框【拾取图形】 按钮,将光标移到放样物体截面图形所在位置,光标变成 拾取图形,拾取放样物体中80%处的正方形和90%处的正方形,然后在透视图中选定80%处的正方形,在主工具栏中点击【选择并旋转】按钮,将选定正方形逆时针旋转45°;再选定90%处的正方形,右键选择【旋转】按钮,逆时针旋转45°,旋转后的形状如图6-40所示。

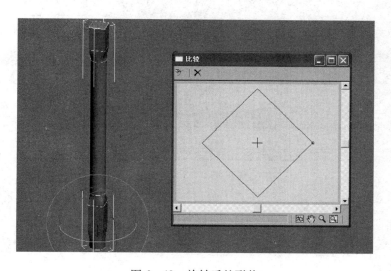

图6-40 旋转后的形状

关闭【比较】对话框,点击 【修改】,在【修改器列表】下拉列表中,确认 已退出此物体模式,然后在【变形】卷展栏下单击【缩放】按钮,弹出【缩

191

放变形】对话框,在控制线的左端添加 6 个点,调整形态,在右面再添加上 2 个点,调整形态如图 6 - 41 所示。

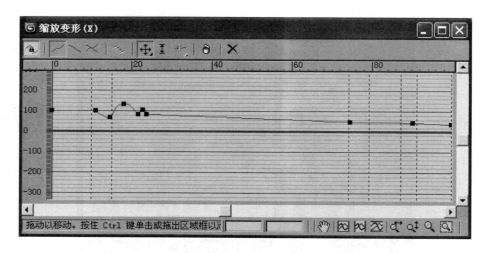

图 6 - 41　调整缩放变形线条

如觉得下端不理想,点击 ⊞ Loft 前边的 ＋ " + " 号,展开放样物体的子物体,选择【图形】,将下方两个正方形在 Z 轴向上移动或在放样路径进行移动调整,再次调整缩放控制线,如图 6 - 42 所示,最终生成的欧式椅子脚模型如图 6 - 43 所示。选择菜单栏中的【文件】—【保存】命令,将制作的模型文件保存为"欧式椅子脚. max"。

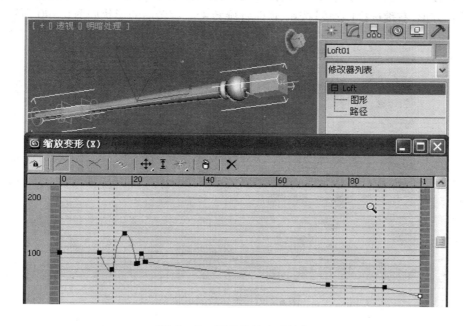

图 6 - 42　调整缩放变形线条

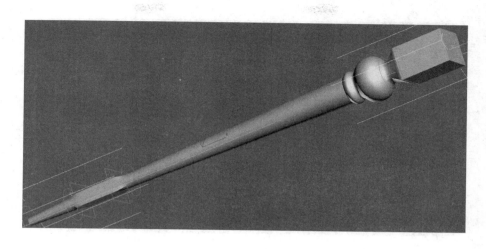

图 6-43 最终的欧式椅子脚

6.1.10 应用【放样】非对称【缩放】制作家具扶手

类似家具扶手举例如图 6-44 所示。

图 6-44 类似扶手家具图片

启动 3DSMAX, 选择菜单栏中【自定义】命令, 将单位设置为毫米(mm)。点击命令面板【创建】 ![icon], 单击 ![icon]【图形】按钮, 在【样条线】 样条线 ▼ 的【对象类型】— 对象类型 卷展栏下单击【矩形】 矩形 按钮, 在顶视图分别绘制一个长为 200、宽为 300、角半径为 40 的矩形和一个长为 650、宽为 400、角半径为 30 的矩形, 如图 6-45所示。

单击【对象类型】卷展栏中的【线】 线 按钮, 在左视图绘制一条如图 6-46 所示的

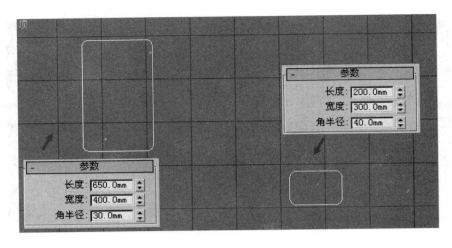

图 6-45　创建两个圆角矩形

直线,在前视图按住 Shift + 鼠标左键,向右拖动该对象到合适的位置松开鼠标左键,然后在弹出的【克隆选项】对话框中单击【确定】按钮,复制出另一条直线,如图 6-47 所示。

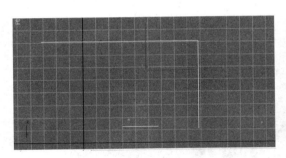

图 6-46　创建直线及复制直线　　　　　图 6-47　创建直线及复制直线

　　点击主工具栏中 3 ⚲【捕捉开关】按钮,并右击,在弹出的【栅格和捕捉设置】对话框中选择捕捉类型为【顶点】捕捉,点击命令面板【创建】 ✳ ,在单击【图形】 ⚲ 按钮,再单击【样条线】　　　样条线　　　 🔻 下的　　线　　按钮,在透视图中应用捕捉到两线上端顶点创建连接线,如图 6-48 所示。

　　选定一个对象,单击 🖉 进入【修改】面板,单击【附加】按钮,将另外两个对象与当前对象附加成为一个整体,在 ➕ Line　　　　 " + "号处点击,便可展开此图形的次物体,单击【顶点】或 ⋯ 进入顶点的编辑状态。选择面上四个顶点(见图 6-49),单击【焊接】按钮,再单击【圆角】按钮,编辑后线的形态如图 6-50 所示。

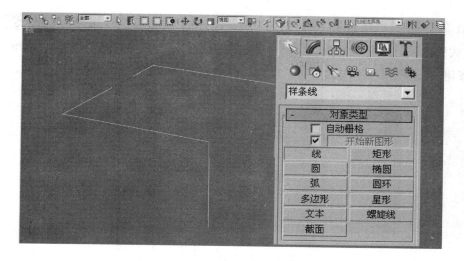

图 6 - 48 用线捕捉两边顶点

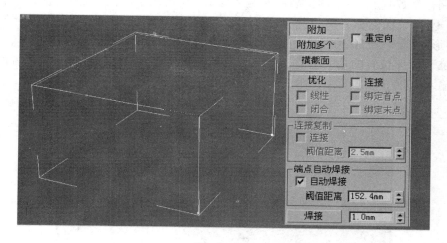

图 6 - 49 图形附加

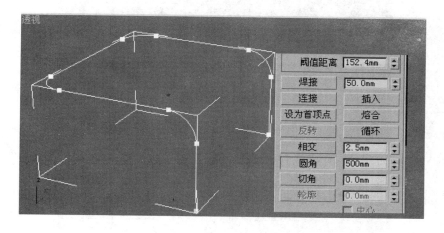

图 6 - 50 顶点经焊接和圆角操作后的路径

点击命令面板【创建】 ，在【几何体】 下单击【标准基本体】 标准基本体 右侧的
下拉式按钮，选择【复合对象】 复合对象 ，然后单击 放样 按钮，再单击【获取
图形】按钮，在透视图中单击大矩形。放样后的效果如图 6－51 所示。

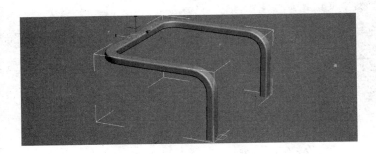

图 6－51 放样后的效果

在【路径参数】卷展栏下的【路径】栏输入参数 15，再次单击【获取图形】按钮，在透视图
中单击小矩形，确保位于 15% 位置的是小矩形；再输入 35，获取大矩形，确保位于 35% 位置
的是大矩形；再次输入 50，获取大矩形。造型的形态如图 6－52 所示。再输入 65，获取大矩
形，确保位于 65% 位置的是大矩形；再次输入 85，获取小矩形，确保位于 85% 位置的是小矩
形；再次输入 100，获取小矩形。生成的造型如图 6－53 所示。

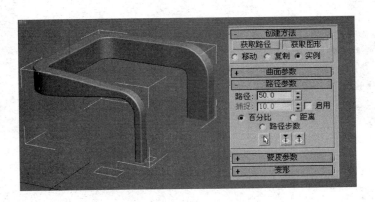

图 6－52 造型的形态

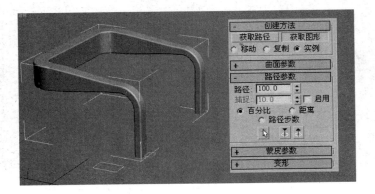

图 6－53 生成的造型

单击修改命令面板下端【变形】卷展栏下的【缩放】按钮,弹出【缩放变形】对话框,关闭【均衡】🔒,点击打开【显示 Y 轴】，在控制线的中间两边各添加 3 个点,调整形态。调整过程中,随时可以观察(透视)视图中物体的变化,如图 6 - 54 所示。关闭【缩放变形】对话框,生成的模型见图 6 - 55,保存模型,文件名为"家具扶手边 . max"。

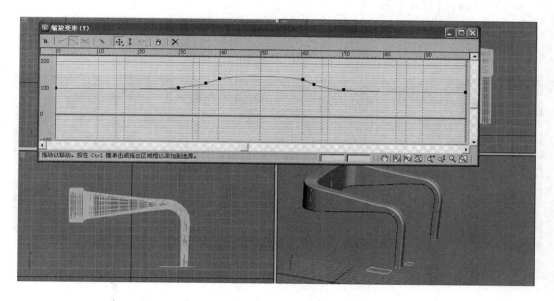

图 6 - 54　设置缩放变形中的 Y 轴图形

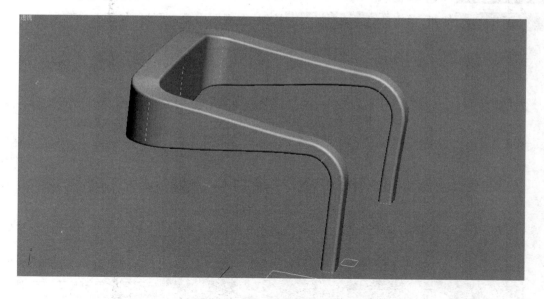

图 6 - 55　生成的家具扶手边

6.1.11 【放样】制作桌布与【平面】制作桌布对比

3DSMAX 制作桌布的方法有四五种，但效果好、操作快捷的常用【放样】制作与【平面】制作两种方法。

◆ 应用【放样】制作桌布

在顶视图绘制圆与星形两个图形，在前视图生成一条长度合适的直线，如图 6－56 所示。

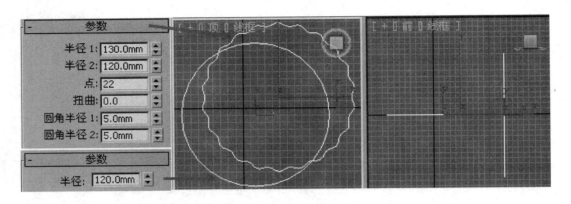

图 6－56　创建放样图形与路径

在前视图选择直线，点击命令面板【创建】 ，在【几何体】 下单击【标准基本体】 标准基本体 右侧的 下拉式按钮，选择【复合对象】 复合对象 ，然后单击 放样 按钮，单击 获取图形 按钮，在视图中单击圆形，如图 6－57 所示。

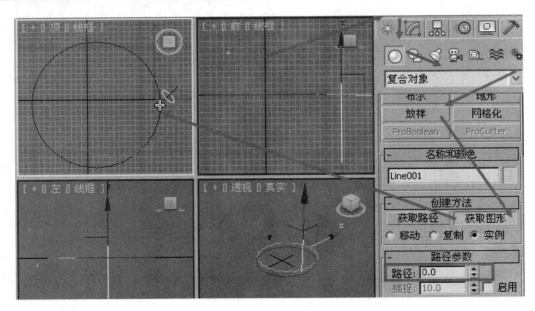

图 6－57　获取图形圆

在【路径参数】中 路径: 0.0 数值输入框输入100,再次单击 获取图形 按钮,拾取星形作为路径末端截面图形,生成的桌布造型如图6-58所示。

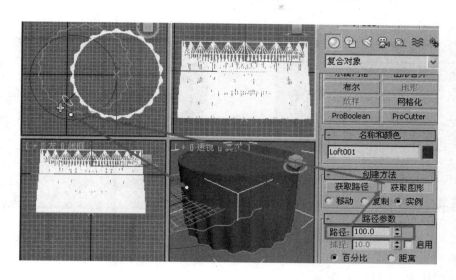

图6-58 获取图形星形

在拐角处(放样开始地方)形态显得有点生硬刚毅,与布料柔软属性不吻合,实际情况桌布往往在拐角的地方需要圆润处理,所以需要对放样桌布进行适当变形调整以逼真模拟现实。单击 【修改】面板,在命令面板最下面出现【变形】卷展栏,单击 倒角 按钮,弹出【倒角变形】控制窗口,修改控制线,如图6-59所示。调整后的桌布上端形态柔顺,符合布的属性。

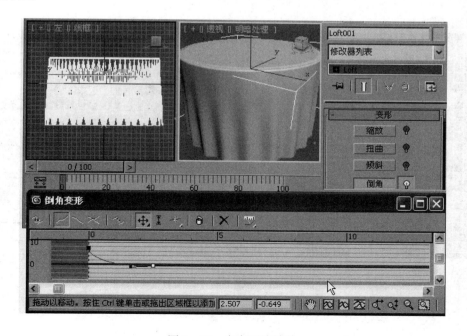

图6-59 桌布顶端倒角

修改蒙皮参数,将图形步数设置为 12,路径步数设置为 3(参数设置越高,效果越好,具体参数应根据效果需要情况灵活考虑),如图 6-60 所示。放样制作桌布完成,如图 6-61 所示。

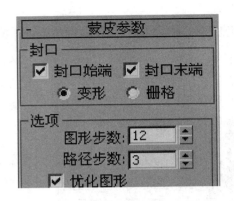

图 6-60　调整蒙皮参数

图 6-61　桌布结果

◆ 应用【多边形】制作桌布

前文讲解应用【放样】创建桌布,这里讲解应用【可编辑多边形】制作桌布,两种方法创建桌布的操作便捷性与效果好坏请读者通过操作比较。通常来说,在不同的要求下选用最合适场景要求的建模方法以达到效果、效率最佳,同时使计算机负担最轻,这是选用创建桌布方法的原则。

点击命令面板【创建】 ⚜ ,在【几何体】 ⭘ 下,选择【标准基本体】 标准基本体 ⌄ ,在列出的标准基本体中单击 平面 ,在顶视图点击创建一个平面,如图 6-62 所示。

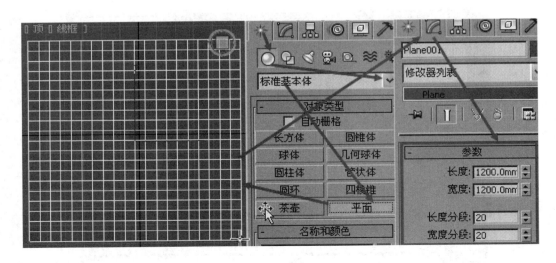

图 6-62　创建平面并修改参数

确认刚创建的平面处于被选择状态,单击 [img] 进入【修改】面板,修改平面长度为1200,宽度为1200,设置长度分段为20,宽度分段为20,如图6-62所示。点的多少看桌布下方边折的次数多少,调整后结果如图6-63所示。

单击右键,在弹出菜单中选择【转换为可编辑多边形】,如图6-64所示,将刚创建的平面转化为可编辑多边形。在前视图选择平面,单击 [img] 进入【修改】面板,激活【顶点】层级,单击【选择并移动】 [img] 按钮,在前视图选择平面中间所有的点,这时中间所有的点被选中,如图6-65所示。

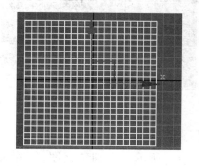

图6-63 调整参数后的结果

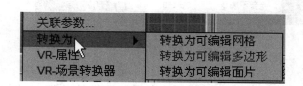

图6-64 转化为多边形

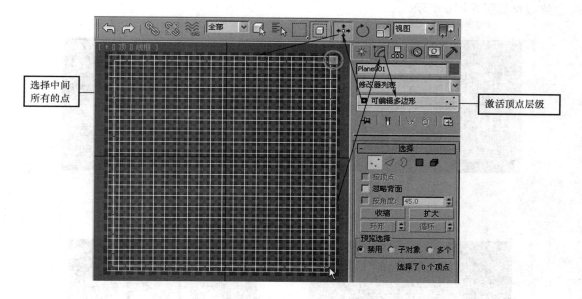

图6-65 选择中间顶点

执行菜单【编辑】—【反选】,如图6-66所示。反选最边上所有的点,并按空格键锁定,结果如图6-67所示。

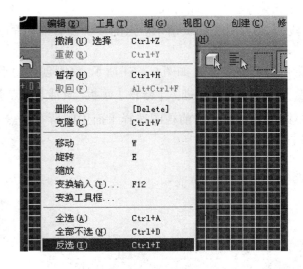

图 6-66　反选点

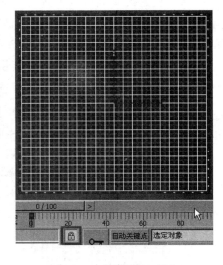

图 6-67　选择边上的点

在左视图向下移动锁定的顶点到适当位置,如图 6-68 所示。回到顶视图,解除锁定,单击【选择并移动】按钮,每个方位边都隔点选择点,调整移动点位置,如图 6-69 所示。最终效果如图 6-70 所示。

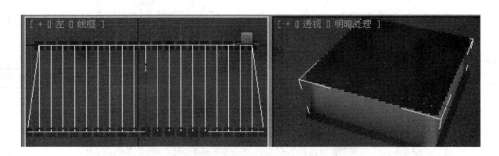

图 6-68　移动所选顶点

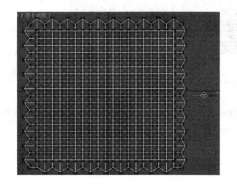

图 6-69　右边间隔选点并移动

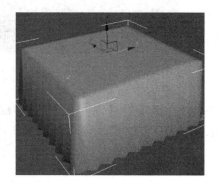

图 6-70　移动点后的结果

6.1.12 放样体的【变形】面板【扭曲】创建物体

前面我们举例讲了放样体修改编辑中【变形】的【缩放】、【倒角】的功能与操作，下面通过举例掌握放样体修改编辑中【变形】面板的【扭曲】工具。

启动 3DSMAX，选择菜单栏中【自定义】命令，将单位设置为毫米（mm）。点击命令面板【创建】 ✳ 按钮，然后点击【图形】 ⊙ 按钮在 — 对象类型 卷展栏下单击 矩形 按钮，在顶视图创建矩形，在前视图创建一条直线，如图 6 – 71 所示。

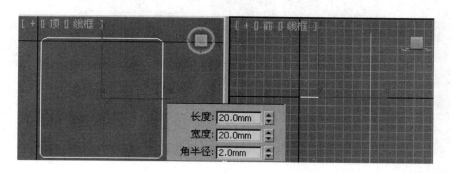

图 6 – 71 创建矩形与直线

确认直线处于当前物体，点击命令面板【创建】 ✳，在【几何体】 ⊙ 下单击【标准基本体】 标准基本体 右侧的 ▾ 下拉式按钮，选择【复合对象】 复合对象 ，然后单击 放样 按钮，单击 获取图形 按钮，在视图中单击矩形，如图 6 – 72 所示。

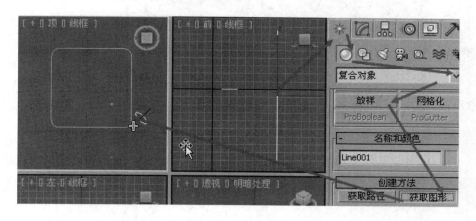

图 6 – 72 放样并获取矩形作为截面图形

这里要求所创建放样体细长，如果放样体太粗、太细都影响效果。如果形体不太理想，可以选择矩形，单击 ☑ 进入【修改】面板，修改矩形长度、宽度、角半径，以使放样体大小长短达到理想状态，操作流程如图 6 – 73 所示，操作后放样物体由大而粗形态变成细长形态（见图 6 – 73）。

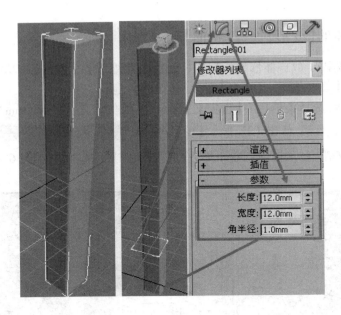

图 6 – 73　调整矩形参数

确认刚放样创建的物体为当前物体,单击 ⟦图标⟧【修改】面板,在下面的【变形】卷展栏单击 ⟦扭曲⟧ ⟦图标⟧按钮,弹出【扭曲变形】控制窗口,如图 6 – 74 所示。

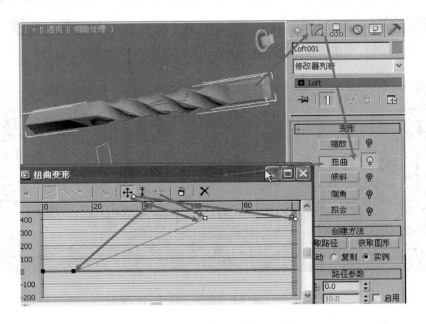

图 6 – 74　打开【扭曲】变形面板

单击【扭曲变形】弹出窗口对话框中的 ⟦图标⟧【插入角点】按钮(见图 6 – 74),在扭曲变形控制线条上使用鼠标单击创建两个新的节点。使用【移动控制点】⟦图标⟧,将后面两个控制点向上移动,观察效果,放样体中间部分发生了扭曲,结果如图 6 – 75 左边立体图所示。

图 6 - 75 修改【路径步数】

对如图 6 - 75 所示放样体的【蒙皮参数】进行修改,修改【路径步数】参数,使参数提高,提升放样体精细程度,设置后的效果如图 6 - 76 所示。

图 6 - 76 【扭曲】结果

6.2 【图形合并】建模

通过前面的讲解和案例综合建模,大家对【放样】应该比较熟悉了,【放样】建模是用两图形通过一系列操作复合建模,本节所讲述的【图形合并】是将一个图形合并到一个三维几何体中而创建一个新的物体。

6.2.1 【图形合并】建模操作流程

在视图中创建一个几何体和一个图形,确认几何体处于被选择状态,然后点击命令面板【创建】,在【几何体】下单击【标准基本体】 标准基本体 右侧的 下拉式按钮,选择【复合对象】 复合对象 ,然后单击【图形合并】 图形合并 按钮,激活【拾取操作对象】卷展栏下面的 拾取图形 按钮,在视图中拾取图形,创建【图形合并】物体。

6.2.2 【图形合并】创建家具实木造型柜门

点击命令面板【创建】按钮,然后点击【图形】按钮,在 对象类型 卷展栏下单击 矩形 按钮,在前视图绘制矩形,如图 6 - 77 所示。

确认刚创建的矩形处于被选择状态,单击 进入【修改】面板,修改矩形参数,将长度设置为 500,宽度设置为 400,角半径可自行设定,如图 6 - 77 所示。

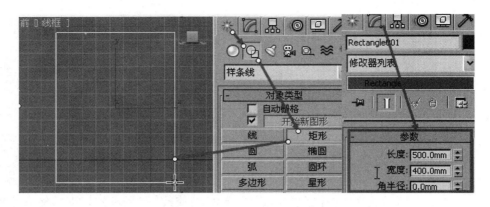

图 6-77 创建矩形

单击【修改器列表】修改器列表 ∨ 右边 ∨ 下拉箭头,在列表中选择添加【挤出】修改器,在【挤出】修改器参数中设置【数量】为 20,矩形就拉成高度为 20mm 的平板形实体,如图 6-78 所示。

点击【创建】 按钮,然后单击【图形】 按钮,在【对象类型】 对象类型 卷展栏下单击【矩形】 矩形 按钮,在前视图创建长度为 400、宽度为 300、角半径为 30 的矩形,如图 6-79 所示。

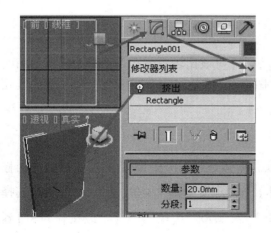

图 6-78 添加【挤出】

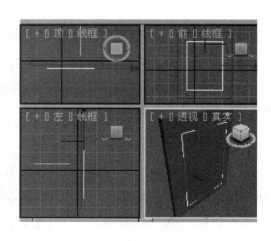

图 6-79 再创建矩形

单击【选择并移动】 ,在顶视图将刚创建的矩形移到挤出的门板前面,如图 6-79 所示。为了建模更精准,再进行对齐操作,如图 6-80 所示。

选择由第一个矩形挤出的平板物体,点击命令面板【创建】 ,在【几何体】 下单击【标准基本体】 标准基本体 右侧的 ∨ 下拉式按钮,选择【复合对象】 复合对象 ,然后单击【图形合并】 图形合并 按钮,激活【拾取操作对象】卷展栏下面的 拾取图形 按钮,

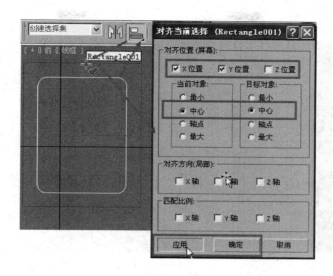

图 6 – 80 【对齐】操作

在前视图拾取第二个矩形,如图 6 – 81 所示。

选择合并后图形,单击右键,在弹出的菜单中选择【转换为可编辑多边形】选项,将其转换为多边形对象,如图 6 – 82 所示。

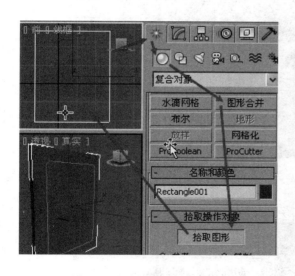

图 6 – 81 创建图形合并对象

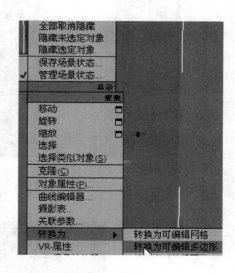

图 6 – 82 转化为可编辑多边形

单击 【修改】,单击【多边形】 次对象,进入【多边形】次对象编辑层级,如图 6 – 83 所示。此时正好投影在对象表面的长方形所在平面已经处于被选择状态。观察所投影平面有无撕裂现象,假如有撕裂现象,可以用 Delete 键删除,如图 6 – 84 和图 6 – 85 所示,然后退出【多边形】次对象编辑层级,进入【边界】次对象编辑层级,如图 6 – 86 所示。在删除面的边沿单击鼠标,然后在【边界】次对象编辑层级点击【封口】,如图 6 – 87 所示。如果平面没有撕裂现象,可略过此操作。

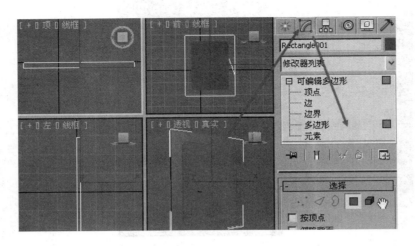

图 6 – 83　激活次物体【多边形】

图 6 – 84　选择面

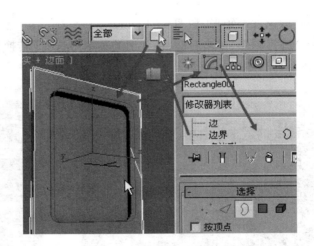

图 6 – 85　删除面

图 6 – 86　激活次物体【边界】

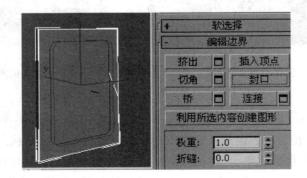

图 6 – 87　封口

再次进入【多边形】次对象编辑层级,选择投影在对象表面的长方形所在平面,在【编辑多边形】卷展栏中找到【倒角】 倒角 命令(见图 6 - 88),单击【倒角】 倒角 右边的【设置】按钮,设置倒角类型为组,高度为 0,轮廓为 - 10,观察效果如图 6 - 89 所示。

图 6 - 88 多边形倒角

图 6 - 89 倒角

再次单击【倒角】 倒角 右边的【设置】按钮,设置倒角类型为组,高度为 0,轮廓为 - 10,如图 6 - 89 所示;重复【倒角】,倒角类型为组,高度为 14,轮廓为 - 5,如图 6 - 90 所示。至此,带有型槽的柜门板就做好了,最终效果如图 6 - 91 所示。

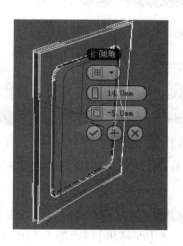

图 6 - 90 再次倒角

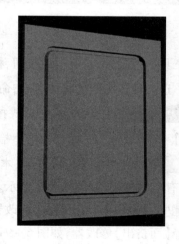

图 6 - 91 倒角结果

注意:图形合并组合建模时,有圆角的形进行合并,转换成可编辑多边形在应用多边形倒角时容易出现错误,应注意轮廓数值大小,数值越大越容易出现问题。

6.2.3 应用【图形合并】创建球体表面立体字

创建一个半径为 200 的球体,在前视图创建"MAX"文本图形,字体为黑体,大小为 200,如图 6-92 所示。建议先在视图中拖动创建,然后单击 ■ 进入【修改】面板,进行参数修改,良好的习惯是提高 MAX 建模效率与建模质量的坚实保证。

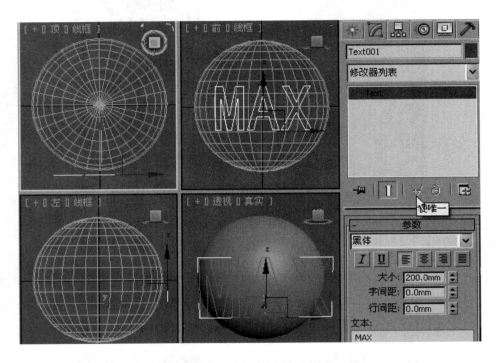

图 6-92 创建球体与文本图形

单击主工具栏【选择并移动】 ■ 按钮,将图形"MAX"置于球体前方,中心高度与球体中心高度平齐。选择球体为当前物体,点击命令面板【创建】 ■ ,在【几何体】 ■ 下单击【标准基本体】 标准基本体 右侧的 ■ 下拉式按钮,选择【复合对象】 复合对象 。然后单击【图形合并】 图形合并 按钮,激活【拾取操作对象】卷展栏下面的【拾取图形】 拾取图形 按钮,在前视图拾取文本图形 MAX,可以观察到球体表面已经出现了变化,球体表面有字的痕迹,如图 6-93 所示。

单击 ■ 进入【修改】面板,单击【修改器列表】 修改器列表 ■ 右边 ■ 下拉箭头,在列表中选择【面挤出】修改器,如图 6-94 所示。在【面挤出】修改器参数中设置【数量】为20(见图 6-95),球体表面出现了立体字并随球形紧贴球体。

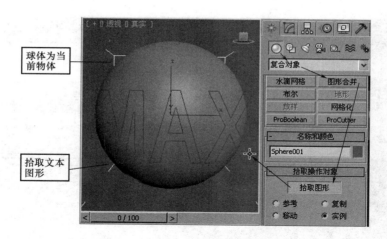

图 6-93 选择球体并执行【图形合并】

图 6-94 添加【面挤出】

此时有些读者操作结果和上述效果不一样，主要是不同参数设置有不同的结果，图 6-96 所示在修改面板下面堆栈器，选择修改器为【面挤出】修改器，下面显示的是有关【面挤出】全部参数栏。将光标移至【图形合并】 **+ 图形合并** 并点击，下面显示【图形合并】相关参数栏，并可以进行修改，修改后形体也会有相应变化。

选择【图形合并】修改器在其【拾取操作对象】的【操作】子栏目中，有【饼切】、【合并】、【反转】复选框，这里有多种组合选择，不同的组合选择会创建不同的形体，如图 6-97 至图 6-100 所示。

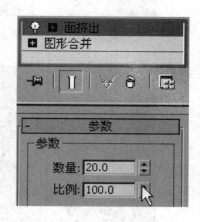

图 6-95 【面挤出】参数

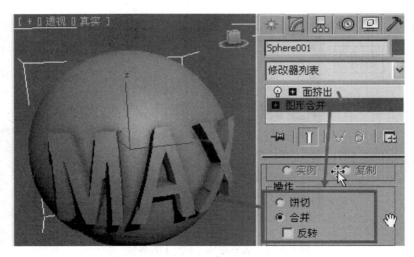

图 6 – 96   修改【图形合并】参数

图 6 – 97   操作选项一

图 6 – 98   操作选项二

图 6 – 99   操作选项三

图 6 – 100   操作选项四

6.3 【布尔】建模

两个物体的组合运算,先要选择一个物体,【布尔】建模也是如此。二维图形布尔运算、实体布尔运算在 CAD 中已经学过,在 MAX 中也有类似的运算。在二维图形中次物体样条线层级中就有布尔运算,操作方法与含义功能大体相当,CAD 中的布尔运算大多是二维图形,本节将详细讲解几何体布尔运算。

6.3.1 【布尔】建模流程

在场景中首先要有两个物体,且选择其中一个物体,点击命令面板【创建】 ![icon],在【几何体】 ![icon] 下单击【标准基本体】 标准基本体 右侧的 ![icon] 下拉式按钮,选择【复合对象】 复合对象 ,然后单击【布尔】 布尔 命令按钮,即可进行【布尔】操作。同时会弹出含有【拾取】、【参数】、【显示/更新】卷展栏的对话框,如图 6-101 至图 6-103 所示。

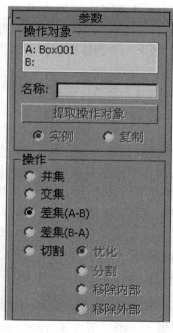

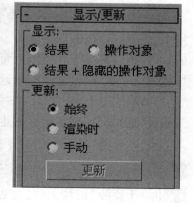

图 6-101 【拾取】卷展栏   图 6-102 【参数】卷展栏   图 6-103 【显示/更新】卷展栏

6.3.2 【布尔】参数详解

◆【拾取布尔】:拾取运算对象 B 物体,并选择运算 B 物体的克隆方式。

●【拾取操作对象 B】:激活该按钮,在场景中选择一个物体作为 B 物体,参与布尔运算,首先选择的是 A 物体,激活该按钮后拾取的物体是 B 物体。

●【参考】:选中该项,参考复制一个当前选定的物体作为布尔运算的 B 物体,对原始物体进行编辑,布尔运算 B 物体同时也被修改。

●【复制】:选中该项,以参考的方式复制一个当前选定的物体作为布尔运算的 B 物体,对原始物体进行编辑,布尔运算 B 物体不会被修改。

●【移动】:这是 MAX 汉化翻译不精准,在 MAX 中常有这样的情况,这里移动是去掉的意思,选中该项,将当前选定的物体作为布尔运算的 B 物体。

●【实例】:选中该项,以关联的方式复制一个当前选定的物体作为布尔运算的 B 物体,对原始物体进行编辑,布尔运算 B 物体同时也被修改。

以上【参考】、【复制】、【实例】与 MAX 主工具栏 ✛ 选择并移动弹出对话框复制方式一样。

◆【参数】:设置布尔运算方式。

●【操作对象】:显示当前运算物体 A 和物体 B 名称。

●【并集】:选中该项后,两个物体合并成一个物体。

●【交集】:选中该项后,两个物体运算取重叠相交部分。

●【差集 A - B】:选中该项后,从 A 物体中减掉 A、B 两个物体重叠的部分。

●【差集 B - A】:选中该项后,从 B 物体中减掉 A、B 两个物体重叠的部分。因此,选择物体的顺序决定哪个物体是 A 物体,哪个是 B 物体,直接影响结果。

●【切割】:类似于差集相减,用于一个物体剪切另一个物体,但是运算物体 B 不为 A 物体增加网格,较少使用,不详细讲解。

以上运算方式中应用最多的还是【差集 A - B】。

6.3.3　应用【布尔】创建墙体门洞、窗口

布尔运算每次只能运算两个物体,如果一个物体要与几个物体进行布尔运算,那就要重复多次布尔运算,假如物体多了,操作流程就繁琐复杂,工作量就大。MAX 是一个功能强大的软件,可以将被运算物体里面的一个物体转化成可编辑网格或可编辑多边形,然后通过附加成为一个物体,再进行布尔运算,这样可以大大简化运算与操作步骤。

MAX 常用于室内设计,在室内设计场景中建的最多的模型就是房间,房间创建方法有三四种,这里应用布尔运算创建房间。

点击命令面板【创建】✳ 按钮,然后点击【图形】 按钮,在【对象类型】─ 对象类型 卷展栏下单击 矩形 按钮,在顶视图创建矩形,然后单击 进入【修改】面板,将长度设置为 3900,宽度为 4200,如图 6 - 104 所示。确认矩形处于被选择状态,将光标置于矩形上单击鼠标右键,在弹出菜单中选择【转换为可编辑样条线】。

单击主工具栏【选择并移动】✛,复制一个矩形,单击 进入【修改】面板,激活 ⌐⋯⋯样条线 ⋀ 进入次物体样条线层级,如图 6 - 105 所示。点击【轮廓】,在数值框中输入数值创建另外一条次样条线,如图 6 - 106 所示。

选择 ⌐⋯⋯样条线 子物体为 可编辑样条线 状态,并且处于【修改】 面板。单击【修改

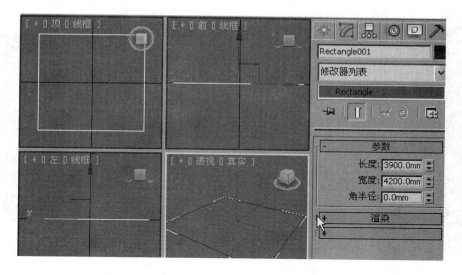

图 6 – 104　创建矩形

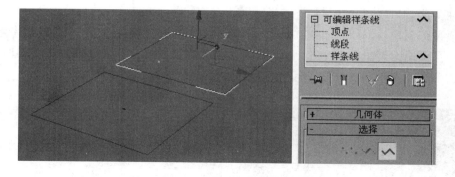

图 6 – 105　复制并激活次物体【样条线】

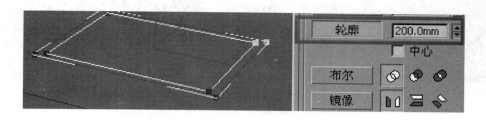

图 6 – 106　【轮廓】操作

器列表】修改器列表 右边 下拉箭头,在列表中选择【挤出】修改器,在【挤出】中将【参数】栏数量设置为 2800,矩形通过修改编辑就成为了长度为 3900、宽度为 4200、高度为 2800 房间的四面墙体,如图 6 – 107 所示。添加【挤出】后效果如图 6 – 108 所示。

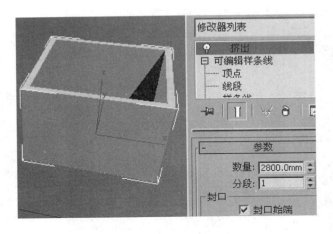

图 6 – 107　添加【挤出】

图 6 – 108　【挤出】效果

选择矩形,重复上一步的【挤出】操作,在【挤出】修改器【参数】栏中将数量设置为100,应用【对齐】工具,与墙体对齐。将地面建好,天花板可通过将地面复制对齐操作来创建,这里不详细讲述。

在顶视图创建一个 400×2000×1500 的长方体,作为窗洞布尔运算体,并将其移动到适当位置。在顶视图创建一个 950×400×2100 的长方体作为门洞布尔运算体,如图 6 – 109 所示。这个高度可以不用调整,请读者思考。

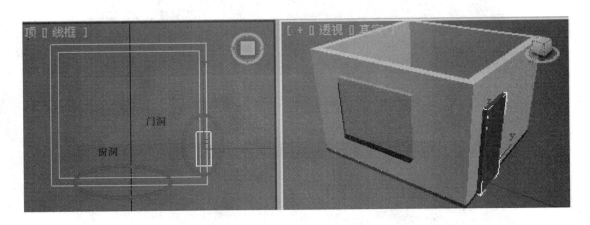

图 6 – 109　创建长方体并调整位置

选择视图中任意长方体,单击右键转换为可编辑多边形,单击 进入【修改】面板,然后单击【编辑几何体】下面的【附加】按钮,单击视图中的另一个方体,它们就合成为一个整体,如图 6 – 110 所示。

选择拉伸而成的墙体,点击命令面板【创建】 ，在【几何体】 下单击【标准基本体】 右侧的 下拉式按钮,选择【复合对象】 复合对象 ，然后单击【布尔】

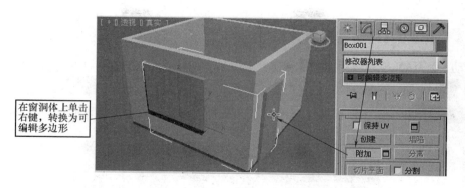

图6-110 长方体【附加】操作

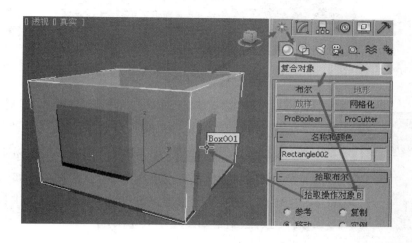 布尔 命令按钮,激活【拾取操作对象B】,在视图中左键点击上一步操作附加而成的整体,如图6-111所示。最终结果如图6-112所示。

图6-111 【布尔】操作

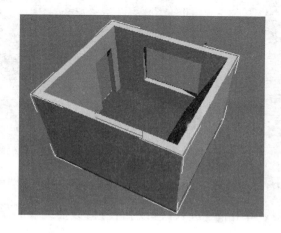

图6-112 最终结果

6.3.4 应用【布尔】创建折叠置物架

启动 3DSMAX,选择菜单栏中【自定义】命令,将单位设置为毫米(mm)。点击命令面板【创建】 ✦ 按钮,然后点击【图形】 ⊙ 按钮在 — 对象类型 卷展栏下单击 矩形 按钮,在顶视图绘制一个长和宽都为 400 的正方形,如图 6-113 所示。

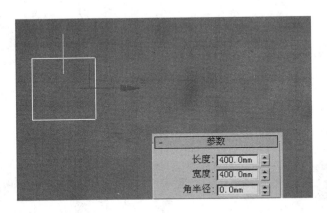

图 6-113　创建正方形

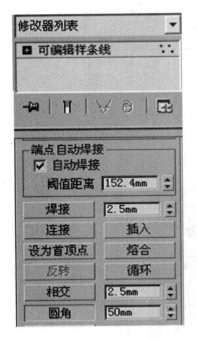

图 6-114　【圆角】操作

右击正方形,在弹出的快捷菜单中选择【转化为】-【转化为可编辑样条线】,单击 ⌧ 进入【修改】面板,点击 ⊞ Line "+"号,展开此图形的次物体。单击【顶点】或 ⁙ 进入图形次物体【顶点】层级,如图 6-114 所示。在顶视图选定正方形的两个顶点,单击【圆角】命令按钮,结果如图 6-115 所示。

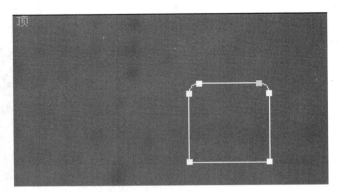

图 6-115　顶点倒圆角结果

选择刚才圆角后的线,单击 ⌧ 进入【修改】,在【修改器列表】 修改器列表 ▾ 右边 ▾ 下拉箭头中添加【挤出】修改器,如图 6-116 所示。在修改器中设置【数量】为 12,结果如图 6-117 所示。

图6-116 添加【挤出】

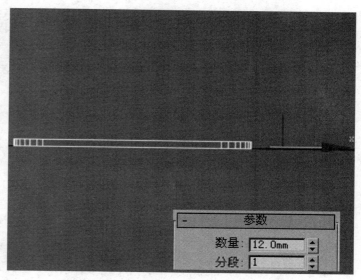

图6-117 【挤出】参数

退出【顶点】次对象编辑模式,利用移动工具,在顶视图按住Shift+鼠标左键,向右拖动该对象到合适的位置松开鼠标左键,然后在弹出的【克隆选项】对话框中单击【确定】,复制出另一个圆角正方体,如图6-118所示。

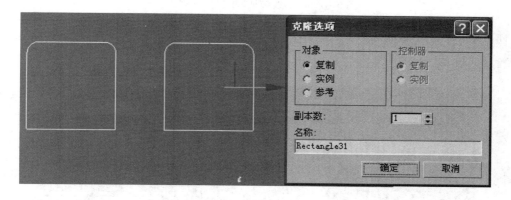

图6-118 复制圆角正方体

选择另一个圆角正方体,单击【可编辑样条线】下的【线段】次对象编辑模式,选定并删除下边线段,如图6-119所示。再返回【样条线】次对象编辑模式,单击【轮廓】命令为线施加轮廓(轮廓参数为12),单击 ⬜ 进入【修改】面板,在【修改器列表】 修改器列表 ▼右边 ▼ 下拉箭头中添加【挤出】修改器,将修改器中设置【数量】为300,如图6-120所示。

选择其中一个为当前对象,单击主工具栏中【对齐】 ⬛ 按钮,再选择确定另一个为目标对象,在弹出的【对齐当前选择】对话框中全选选项组中X、Y、Z位置选项,在【当前对象】和

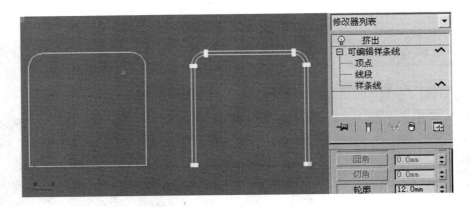

图 6 - 119　修改样条线

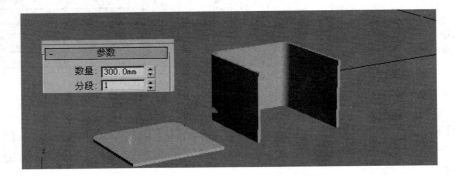

图 6 - 120　为线施加【轮廓】及【挤出】

【目标对象】选项组中都选择【轴点】选项,最后按【确定】按钮,对齐后效果如图 6 - 121 所示。

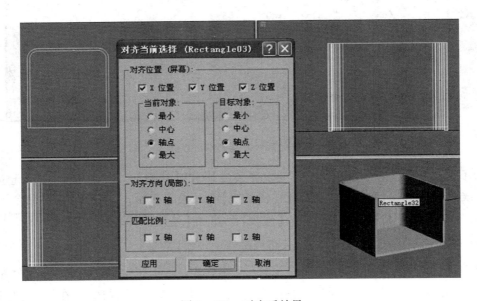

图 6 - 121　对齐后效果

选择下底板,利用【选择并移动】✛工具,在视图中按住 Shift + 鼠标左键,向上拖动到合适位置同时松开 Shift 与鼠标左键,然后在弹出的【克隆选项】对话框中单击【确定】按钮,复制出搁板;在主工具栏单击【对齐】🗐按钮,再选择高为 300 的 U 型围板为目标对象,在弹出的【对齐当前选择】对话框中全选【对齐位置】选项组中 X、Y、Z 位置按钮,在【当前对象】和【目标对象】选项组中都选择【中心】,最后按【确定】按钮,如图 6 – 122 所示。重复操作再复制面板,如图 6 – 123 所示。

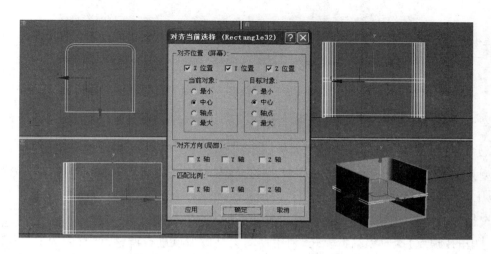

图 6 – 122　复制第二个圆角正方体及对齐后效果

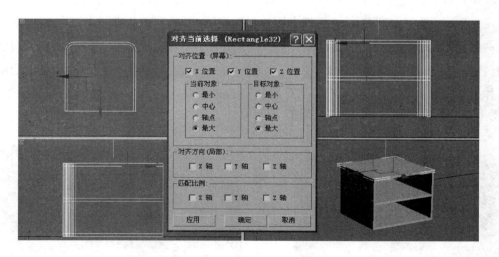

图 6 – 123　复制第三个圆角正方体及对齐后效果

在左视图选定全部对象,单击主工具栏中【镜像】🔢按钮,在弹出的【镜像:屏幕坐标】对话框中的【镜像轴】选项组中选择【Y】选项,在【偏移】组中填上数据为 301,在【克隆当前选择】选项组中选择【复制】选项,最后按【确定】按钮,镜像出另一个盒子,如图 6 – 124 所示。

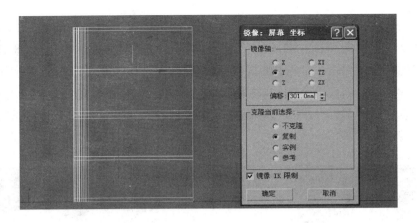

图 6 - 124　镜像出另一个盒子

　　在主工具栏点击【捕捉开关】3 并单击右键,在弹出的【栅格和捕捉设置】对话框勾选【顶点】、【切点】和【中点】,点击命令面板【创建】按钮,然后点击【图形】按钮,在【对象类型】— 对象类型 卷展栏单击 线 按钮,在左视图捕捉绘制一个梯形,如图 6 - 125 所示。

　　选择梯形,单击 进入【修改】面板,在【修改器列表】修改器列表 单击【Line】中的【顶点】次对象编辑模式,利用移动工具对顶点进行调整,调整后的梯形【上底】为 600、【下底】为 100、【高】为 311,效果如图 6 - 126 所示。在【修改器列表】修改器列表 右边 下拉箭头中添加【挤出】修改器,设置【数量】为 500,并将其移到指定位置,如图 6 - 127 所示。再把上面的顶板删除,然后选择其中一个圆角正方体,点击命令面板【创建】,在【几何体】下单击【标准基本体】标准基本体 右侧的 下拉式按钮,选择【复合对象】复合对象 ,然后单击【布尔】 布尔 命令按钮,激活【拾取操作对象 B】,在【操作】项下选取【并集】,在视图中拾取上组小柜中的各部件合并。同理,将下方小柜合并成整体,如图 6 - 127 所示。

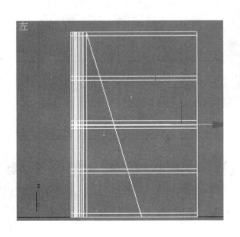

图 6 - 125　梯形

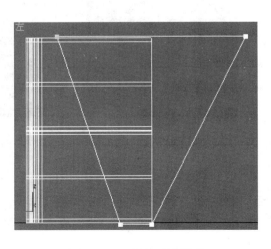

图 6 - 126　调整后的梯形

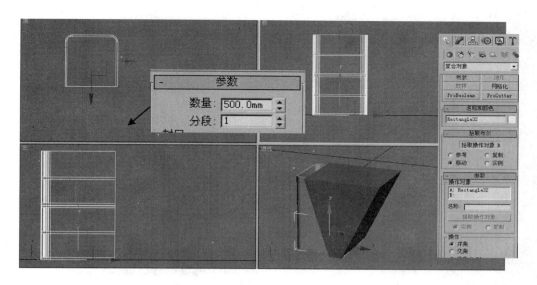

图 6 - 127 梯形挤出及两个盒子分别合并

选择梯体,选择移动工具,在顶视图按住 Shift + 鼠标左键,向右拖动该对象到合适的位置松开鼠标左键,然后在弹出的【克隆选项】对话框中单击【确定】,复制出另一个梯体,如图6 - 128 所示。

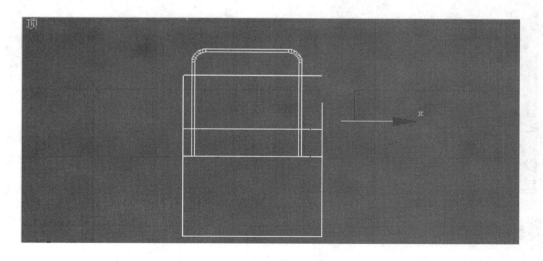

图 6 - 128 复制梯体

选择上面的盒子,点击命令面板【创建】 ✳ ,在【几何体】 ◎ 下单击【标准基本体】 ，标准基本体 右侧的 ▾ 下拉式按钮,选择【复合对象】 复合对象 ,然后单击【布尔】 布尔 命令按钮。在【操作】项下选择【差集(A - B)】,在视图中单击其中一个梯体,激活【拾取操作对象 B】,如图 6 -129 至图 6 -131 所示。

图 6 - 129　绘制布尔运算体

图 6 - 130　【布尔操作】

下面的柜子同样按照上一步骤的布尔差集方法,效果如图 6 - 132 所示。

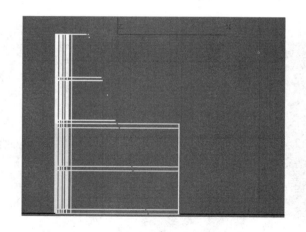

图 6 - 131　拾取对象

图 6 - 132　选择布尔及差运算效果

点击命令面板【创建】 ，单击 【图形】按钮,在【样条线】 样条线 下【对象类型】 对象类型 卷展栏中点击 线 按钮,在左视图绘制一个图形,如图 6 - 133 所示。单击 进入【修改】面板,进入【顶点】编辑模式,在左视图中选定 4 个顶点,在【几何体】下单击【圆角】,如图 6 - 134 所示。

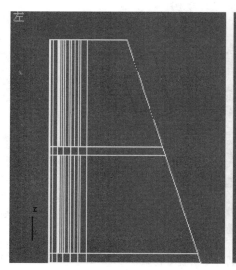

图 6 – 133　创建线

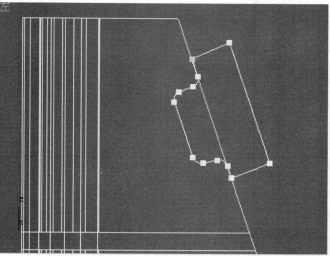

图 6 – 134　绘制图形形状及圆角

单击 进入【修改】面板,在【修改器列表】修改器列表 右边 下拉箭头中添加【挤出】修改器,在修改器中设置【数量】为 30,再点击【选择并移动】 工具,在顶视图按住 Shift + 鼠标左键,向右拖动到合适位置松开鼠标左键,然后在弹出的【克隆选项】对话框中单击【确定】按钮,复制出另一个图形物体,如图 6 – 135 所示。

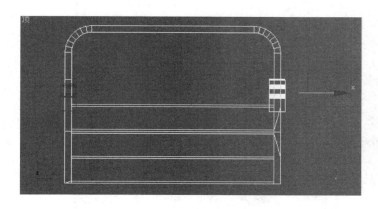

图 6 – 135　复制另一个图形物体

点击命令面板【创建】 ,在【几何体】 下单击【标准基本体】标准基本体 右侧的 下拉式按钮,选择【复合对象】复合对象 ,然后单击【布尔】 布尔 命令按钮,再单击【拾取布尔】卷展栏下的【拾取操作对象 B】按钮,在【操作】项下选择【差集 (A – B)】。选择布尔运算得到的柜子,在视图 Shift + 鼠标左键,向上拖动到合适位置松开鼠标左键,然后在弹出的【克隆选项】对话框中单击【确定】按钮,复制出另两个盒子,通过【选择并移动】、【镜像】操作得到如图 6 – 136 所示家具。最后,将文件进行保存,命名为

"折叠置物架．max"。

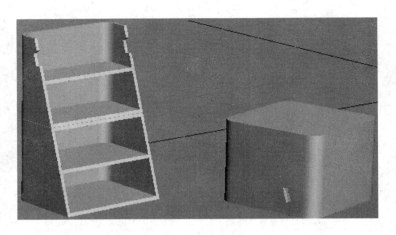

图 6－136　布尔运算后的效果及复制另一个折叠置物架

第 7 章　编辑器创建修改三维模型

MAX 系统提供了近百个编辑器,有些支持图形修改编辑,有些支持几何体编辑,有些支持动画编辑。其中,很多在前文建模过程中已讲解,比如【横截面】、【曲面】、【镜像】;有的编辑器非常简单,单独讲解意义不大,比如【球形化】、【镜像】等。另外,由于篇幅有限,不一一讲解,这里有选择性得将较为重要的、造型建模常用的进行详细讲解。

7.1 【挤出】—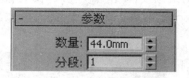

7.1.1 【挤出】功能

【挤出】对选择的二维图形进行拉伸编辑,使二维图形成为具有厚度的三维实体。参数卷展栏如图 7 - 1 所示。

图 7 - 1 【参数】卷展栏

7.1.2 【挤出】参数详解

◆ 数量:挤出厚度值。

◆ 分段:挤出厚度方向分段数量,这个数值便于后期更复杂的编辑。

前文多次应用到【挤出】,大家对此已经较为熟悉。【挤出】是建模非常重要的编辑器,参数少、应用多、容易掌握。

7.1.3 【挤出】项注意点

◆ 空间异形闭合图形应用【挤出】创建三维实体:创建一个矩形,通过右键选择转换为可编辑样条线,单击 进入【修改】面板进入顶点次物体层级,在长边上【优化】插入两点。选择添加的两个点应用【选择并移动】 ,沿 Z 轴方向上移,如图 7 - 2 所示。单击 进入【修改】面板,添加【挤出】,结果如图 7 - 3 所示。

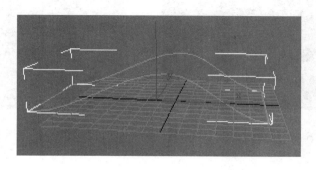

图 7 - 2　绘制图形并修改

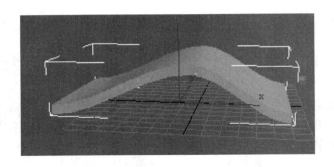

图 7 - 3　添加【挤出】

◆ 非闭合图形应用【挤出】创建面片结构物体:应用【线】 ▭ 线 ▭ 创建线,在最后一点与起始点重叠时,会有提示框提示:"是否闭合样条曲线?",假如选择 ▭ 否(N) ,单击右键结束画线,单击 ▧ 进入【修改】面板,添加【挤出】修改器,创建的为面片结构物体,如图 7 - 5 所示。

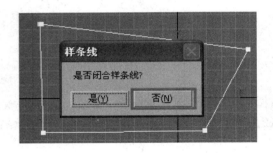

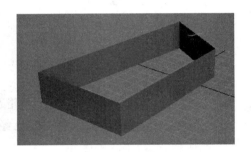

图 7 - 4　创建不闭合图形　　　　　　　图 7 - 5　添加【挤出】

◆ 对于有些文字图形应用【挤出】会出现实体面片共存现象:文本图形需要调整才能添加【挤出】修改器挤出成正常三维几何实体。如图 7 - 6 所示黑体"技术学"图形,添加【挤出】修改器创建对象出现错片现象,如图 7 - 7 所示。

图 7 - 6　创建文本图形　　　　　　　　图 7 - 7　添加【挤出】

问题解决:查看文本图形(见图 7 - 8),出现图形交错,在图形状态下将其转换为可编辑样条曲线,激活【顶点】,选择如图 7-9 所示点移动,避免交叉,编辑后结果如图 7-10 所示。

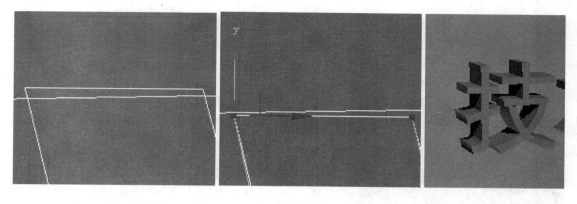

图 7-8 查看文本图形 图 7-9 移动顶点 图 7-10 情况变化

7.2 【弯曲】—— Bend

7.2.1 【弯曲】功能

对选择的物体进行弯曲变形操作,并通过 X、Y、Z 轴向控制弯曲的角度和方向;通过【限制效果】下两个参数【上限】、【下限】限制弯曲在物体上的影响范围,使物体产生局部弯曲效果。【弯曲】支持三维几何体的修改编辑,如图 7-11 和图 7-12 所示。

图 7-11 旋转楼梯

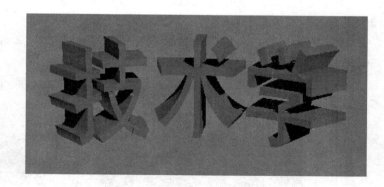

图 7-12 弯曲立体广告字

7.2.2 【弯曲】建模操作

选择"技术学",然后单击 进入【修改】点击 修改器列表 ,在修改器列表中选择【弯曲】,如图7-13所示,参数设置如图7-14所示,效果如前文图7-12所示。

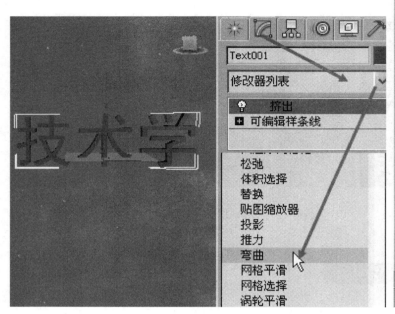

图 7 – 13　添加【弯曲】

图 7 – 14　【弯曲】参数

7.2.3　【弯曲】参数详解

◆【角度】:在角度右边数值输入框输入弯曲的角度,决定弯曲角度大小,常用值 0～360°,可取范围基本无限制。

◆【方向】:在方向右边数值输入框输入弯曲沿自身 Z 轴方向旋转角度,常用值 0～360°,可取范围基本无限制。

◆【弯曲轴】:物体沿哪个轴方向进行弯曲,有 X、Y、Z 轴,选择不同的轴效果不一样,图 7 – 15 所示为不同弯曲轴的情况示意图。

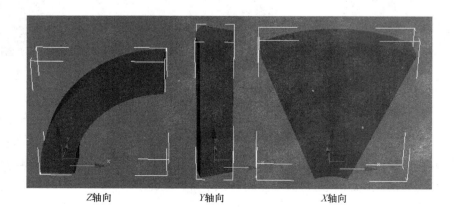

Z轴向　　　　　　Y轴向　　　　　　X轴向

图 7 – 15　不同弯曲轴情况对比

◆【限制】:用于将弯曲效果限定在中心轴以上或以下的某区域内。

7.2.4　【弯曲】编辑器【限制】应用举例

创建一个长方体,进行改变物体轴位置操作流程:首先选择物体,单击【层次】█,进入【层次】面板,选择【轴】,激活【仅影响轴】,单击【对齐】下面的【居中到对象】,然后关闭【仅影响轴】,这样长方体自身轴就发生改变,轴点由地面中心到了物体的中心位置,如图7－16所示。

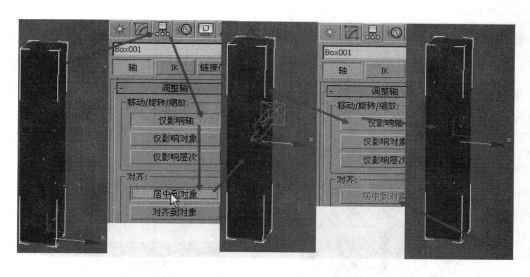

图7－16　创建工作轴

单击▨进入【修改】堆栈器面板,点击[修改器列表]▨,在修改器列表中选择【弯曲】,将角度参数设置为180,在【限制】栏目勾选【限制效果】,在【上限】数值输入框中输入150,在【下限】数值输入框中输入－150,这就限制Z轴向的弯曲限制在轴原点上下各150距离的区域,效果如图7－17所示。

具体案例讲解请参考前文中【线】编辑制作旋转楼梯章节的内容。

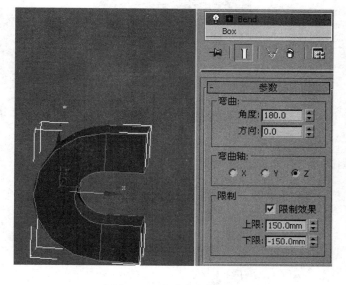

图7－17　弯曲【限制】

7.3 【车削】—— 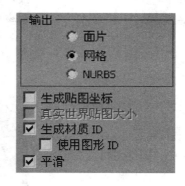 车削

7.3.1 【车削】功能

【车削】支持二维图形修改创建轴对称三维旋转体,这是非常实用的造型工具,常用来做圆形实木腿、装饰柱、花瓶、茶具、餐具、酒杯等。前面章节中讲过【线】编辑创建相框也是由【车削】完成。

7.3.2 【车削】建模操作

首先创建要制作旋转造型的剖面线,封闭或不封闭的线型都可以,确认该线为当前物体,然后单击 进入【修改】面板,点击【修改器列表】修改器列表 ,在修改器列表中选择【车削】。【车削】卷展栏如图 7 – 18 和图 7 – 19 所示。

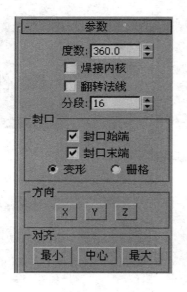

图 7 – 18 【参数】卷展栏　　　　图 7 – 19 【输出】面板

7.3.3 【车削】参数详解

◆【度数】:设置旋转的角度,360°为一个完整旋转闭合实体,小于 360°为不完整的扇形,不同角度车削对象形态,如图 7 – 20 所示。

◆【焊接内核】:将旋转轴向上重合点进行焊接,减少点数量,使结构得到优化。对旋转体外观影响不大,所以默认勾选此项。

◆【翻转法线】:将造型表面的法线方向进行反转。

◆【分段】:分段越多,旋转片段越多,造型越光滑;当分段很少时,对造型有较大的影响,如图 7 – 21 所示为不同分段对造型的影响结果。

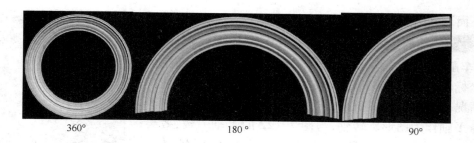

图 7 – 20　不同旋转角度情况对比

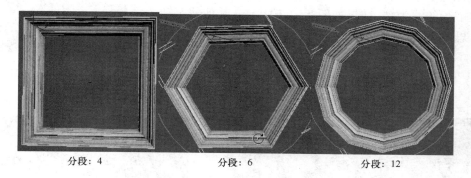

图 7 – 21　不同旋转片段对比

◆ 【封口始端】:将顶端封口。

◆ 【封口末端】:将末端封口。

◆ 【X】、【Y】、【Z】:选择不同轴作为旋转轴。

◆ 【最小】:将曲线最小值即外边界与中心轴对齐。

◆ 【中心】:将曲线中心值边界与中心轴对齐。

◆ 【最大】:将曲线最大值即内边界与中心轴对齐。

如图 7 –22 所示,在顶视图创建制作茶杯的半轴剖面线。然后单击 进入【修改】面板,点击【修改器列表】 选择【车削】,如图 7 –23 所示。

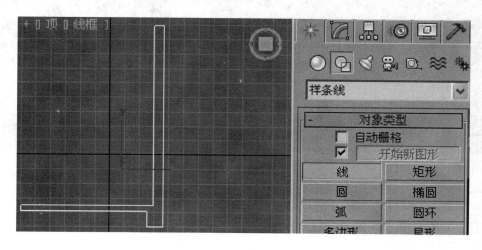

图 7 – 22　创建【旋转】剖面图像

233

下面通过举例来理解【车削】中轴对齐：将【车削】【车削】前的 点击关闭，这样关闭最终效果，但可看到【车削】次物体轴。所有的轴对齐是基于旋转剖面线的本身坐标轴，也就是旋转轴与原车削剖面线本身坐标轴的对齐情况。如图 7-24 所示，【方向】选项【Y】轴，也就是图形自身 Y 轴作为图形旋转轴，与图 7-22 的 Y 轴一致，效果如图 7-25 所示。如图 7-26 所示，【方向】选【Y】轴，【对齐】选【最小】，【车削】旋转轴就是过原图形 X 值最小值点且 Y 轴平行的线为轴，结果如图 7-27 所示。其他情况请读者自己思考理解。

图 7-23　添加【车削】

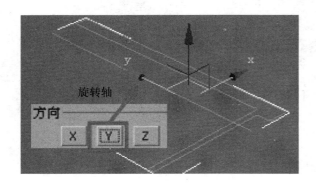

图 7-24　图形自身 Y 轴为旋转轴

图 7-25　【车削】效果

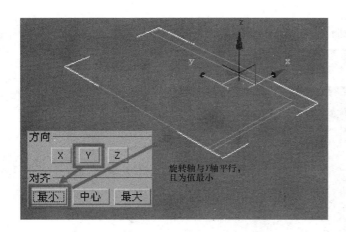

图 7-26　方向：【Y】对齐：【最小】

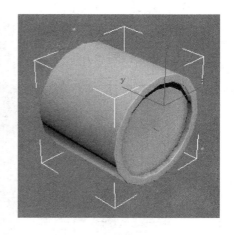

图 7-27　【车削】效果

7.3.4 【车削】与修改器综合应用制作台灯

打开 3DSMAX,将单位设置为毫米(mm)。单击【球体】按钮,在顶视图创建一个球体(半径 27、分段 32、半球 0.5),命名为"台灯—灯基",如图 7 - 28 所示。

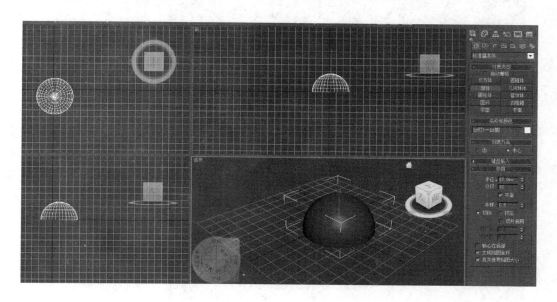

图 7 - 28　创建球体

添加【锥化】修改器,设置【数量】为 - 0.8,【曲线】为 1.12,如图 7 - 29 所示。

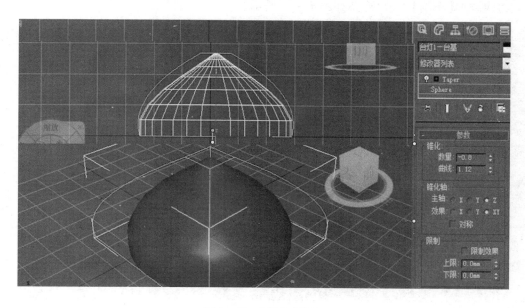

图 7 - 29　【锥化】操作

单击【线】,在前视图绘制封闭线形(该线形的 Z 轴向上长度是决定台灯高度的主要参数),形态如图 7 – 30 所示。

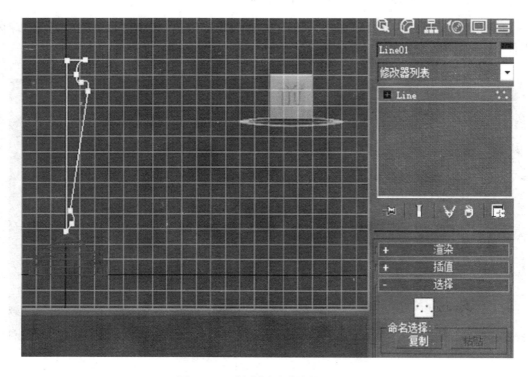

图 7 – 30　创建【车削】旋转剖面线

为线添加【车削】修改,形态如图 7 – 31 所示。

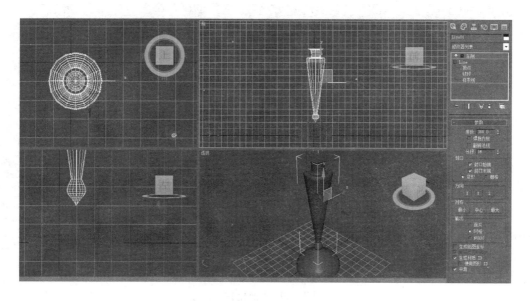

图 7 – 31　添加【车削】

单击【圆柱体】，在顶视图创建一个半径为 6、高度为 100 的圆柱体，命名为"台灯—柱2"，在前视图中调整位置，如图 7 – 32 所示。

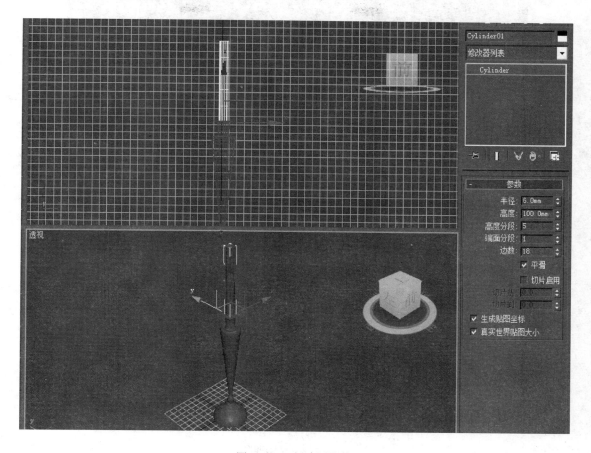

图 7 – 32　创建圆柱体

单击【椭圆】按钮，在前视图绘制一个长度为 106、宽度为 217 的椭圆，命名为"台灯 1—灯罩"，调整位置，如图 7 – 33 所示。确定椭圆处于被选择状态，单击右键转化为【可编辑样条线】，按 2 键进入次物体【线段】编辑模式，删除下面两条线段，如图 7 – 34 所示。按 3 键选择【样条线】层级，选择剩下的样条线，选择修改面板上的【轮廓】，将其值改为 3.5，如图 7 – 35 所示。为编辑好的椭圆添加【车削】，旋转后的如图 7 – 36 所示。

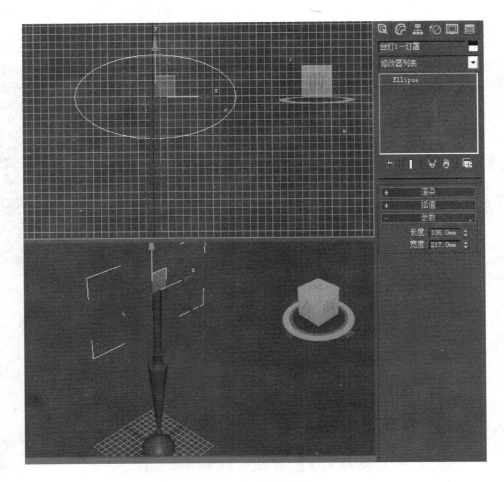

图 7 - 33　创建椭圆

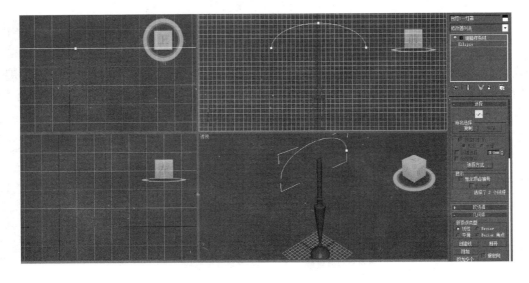

图 7 - 34　编辑椭圆

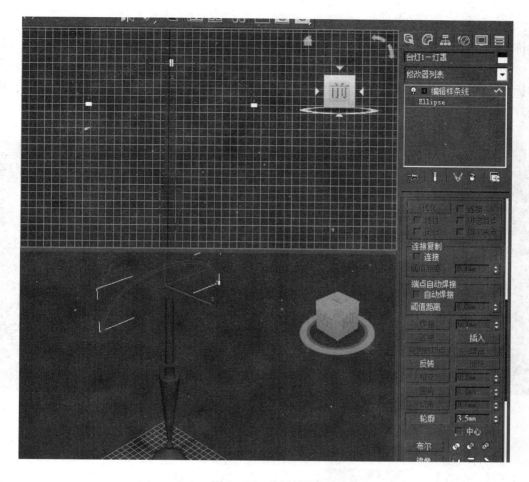

图 7 - 35　编辑椭圆

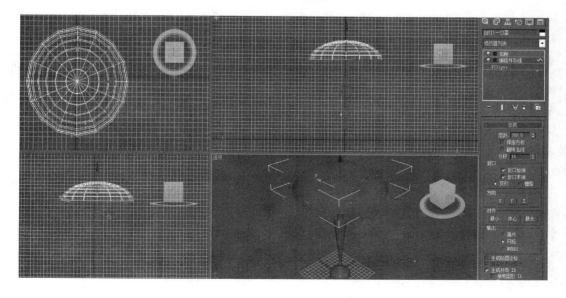

图 7 - 36　添加【车削】

在顶视图创建【圆锥体】,设置【半径1】为5,【半径2】为0,高度为30,命名为"台灯1—锥饰",如图7-37所示。

创建一条【半径1】为5.5、【半径2】为36.5、【高度】为265、【圈数】为1的螺旋形,命名为【台灯1—螺旋】,在渲染卷展栏下设置厚度为2,并勾选【可渲染】和【显示渲染网格】,调整好位置,模型制作完毕,如图7-38所示。

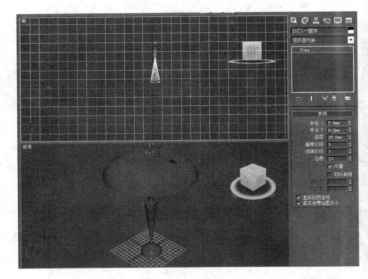 

图7-37　创建圆锥顶　　　　　　　　　　　图7-38　台灯模型

7.4 【倒角】— 倒角

7.4.1 【倒角】功能

支持对二维图形多次拉伸厚度并在侧面产生倒角造型,倒角可以是直线形,也可以是曲线形,如图7-39所示。

图7-39　倒角广告文字

7.4.2　【倒角】建模操作

点击 3DSMAX 命令面板【创建】，然后点击【图形】按钮，在视图中绘制一个图形，确认图形处于被选择状态，单击进入【修改】堆栈器面板，添加【倒角】修改器，【倒角】修改器各卷展栏如图 7 - 40 和图 7 - 41 所示。

图 7 - 40　【参数】卷展栏

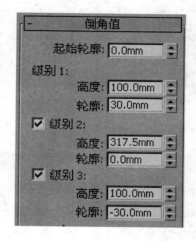

图 7 - 41　【倒角值】面板

7.4.3　【倒角】参数详解

◆【封口】:对造型几何体两端进行加盖封口,加盖封口则生成封闭实体,否则生成面片体。

◆【始端】:在上端生成封盖。

◆【末端】:在下端生成封盖。

◆【封口类型】:几何体两端进行加盖封口的类型。

◆【线性侧面】:设置倒角侧边为直线倒角。

◆【曲线侧面】:设置倒角侧边为曲线倒角。

◆【分段】:倒角侧边分段数。

◆【起始轮廓】:对原始外轮廓增大或缩小。

◆【级别1】、【级别2】、【级别3】:分别设置三段拉伸高度与轮廓增缩量。

7.4.4　应用【倒角】制作倒角字体

点击 3DSMAX 命令面板【创建】，然后点击【图形】按钮，在视图中创建 Arial

Black 文本图形"MAX",如图 7 - 42 所示。确认图形处于被选择状态,单击 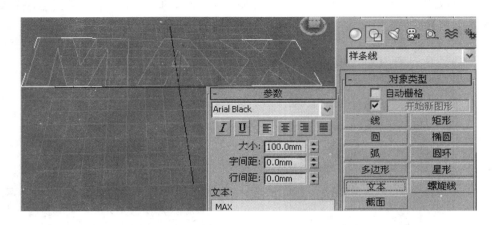 进入【修改】面板,添加【倒角】 倒角 修改器,其原始数据均为 0,形态为面片字体,如图 7 - 43 所示。

图 7 - 42　创建文本图形

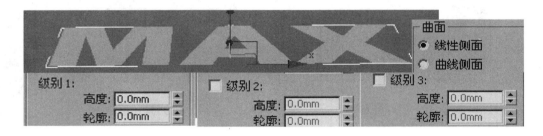

图 7 - 43　添加【倒角】

在【倒角】 倒角 修改器,设置【级别 1】的高度为 100,轮廓为 0,图形拉升了一个高度,如图 7 - 44 所示;设置【级别 1】的高度为 100,轮廓为 35,图形拉升了一个高度,而且产生基面的放大,倒角也由此产生,如图 7 - 45 所示。再设置【级别 2】的高度为 200,轮廓为 0,在图 7 - 45 基面的基础上拉伸 200 的厚度,文字形态如图 7 - 46 所示。

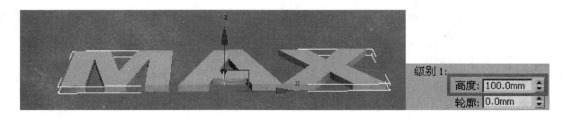

图 7 - 44　设置【级别 1】参数

图 7 - 45　设置【级别 1】参数

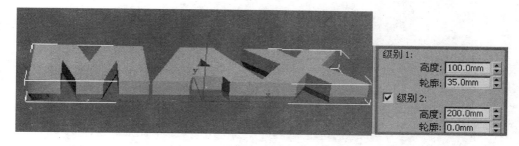

图 7 - 46　设置【级别 2】参数

在【倒角】 倒角 修改器,在上一步的基础上设置【级别 3】的高度为 100,轮廓为 -35,形成上下面小、中间大的两面倒角立体字,如图 7 - 47 所示。

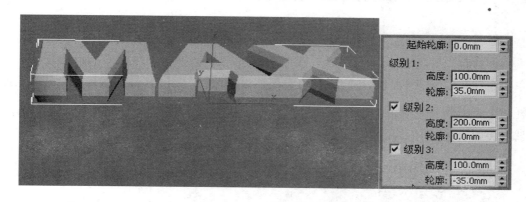

图 7 - 47　设置【级别 3】参数

在【曲面】项点取【曲线侧面】,则刚创建的立体字侧面由导直角边变成圆润的侧边,如图 7 - 48 所示。

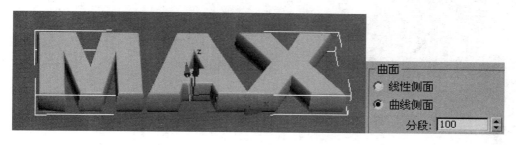

图 7 - 48　选取【曲线侧面】

7.4.5 应用【倒角】制作二级吊顶

点击 3DSMAX 命令面板【创建】 ，然后点击【图形】 按钮，在顶视图创建 4000 × 4000 的矩形，再绘制一个 3000 × 3000 的矩形，选择其中任意一个矩形，利用【对齐】命令，对齐两物体，如图 7 – 49 所示。

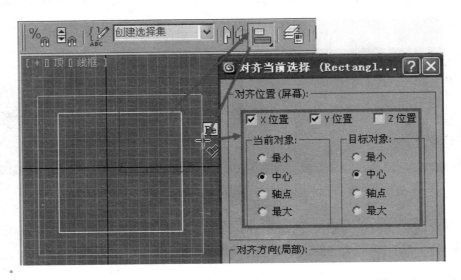

图 7 – 49 创建大小两矩形并对齐

选择任意矩形，单击右键转换成可编辑样条线，确认转换后的矩形处于被选择状态，然后单击 进入【修改】面板，在【几何体】卷展栏里激活【附加】，然后在视图拾取另一矩形，这样两个矩图形合并成为一个整体。再次点击【修改器列表】 ，在修改器列表中选择【倒角】并进行参数设置，如图 7 – 50 所示。

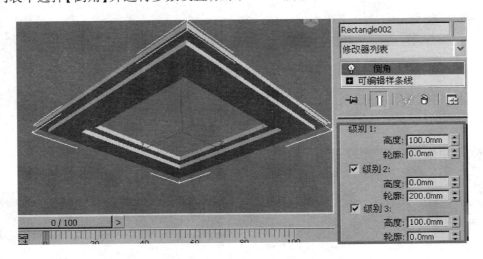

图 7 – 50 添加【倒角】

7.5 【倒角剖面】—— ██ 倒角剖面

7.5.1 【倒角剖面】功能

通过为一个二维图形提供边部收口的剖面轮廓线（开口线、闭合线均可）创建一个侧面倒角与剖面轮廓线吻合且具有厚度的几何体，功能类似于放样。常用于镜框、办公家具台面板、实木家具面板与门板制作。如图 7-51 至图 7-53 所示家具的边部收口或侧面倒角都可以应用【倒角剖面】来创建。

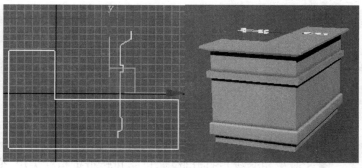

图 7-51　圆盘茶几　　　　　　　　　　　　　　　　　图 7-52　服务台

图 7-53　会议台面

7.5.2 【倒角剖面】建模操作

在视图中创建两个图形，其中一个为闭合图形，作为截面路径，另一个作为边部剖轮廓，确认闭合路径图形处于被选择状态，然后单击 ▨ 进入【修改】堆栈器面板，点击【修改器列表 修改器列表 ∨】，在修改器列表中选择【倒角剖面】，激活【参数】栏中【拾取剖面】，便生成了倒角剖面物体，参数卷展栏如图 7-54 所示。

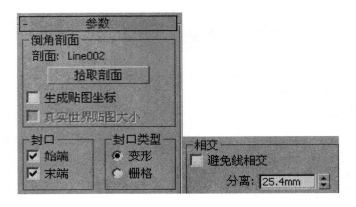

图 7 - 54 【参数】卷展栏

7.5.3 【倒角剖面】参数详解

◆【倒角剖面】:设定几何体的倒角剖面。

◆【拾取剖面】:为路径图形指定外轮廓剖面线。

◆【封口】:与前面讲述过的其他编辑器相同,这里不再讲述,一般选用默认值。

◆【避免相交线】:打开此项,可防止转折折角处尖锐、变形、破面。

7.5.4 应用【倒角剖面】制作圆盘茶几

点击 3DSMAX 命令面板【创建】 ,然后点击【图形】 按钮,在【对象类型】卷展栏下单击 圆 按钮。在视图窗口按住鼠标左键拖动鼠标至适当位置后松开,即可创建一个圆形。确认刚才创建的圆处于被选择状态,单击 进入【修改】面板,将圆的半径设为500,并创建一个剖面图形,如图 7 - 55 所示。

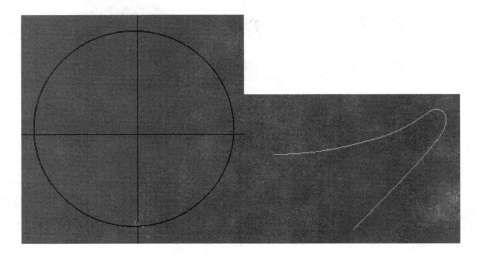

图 7 - 55 创建圆形与倒角剖面轮廓图形

确认圆形处于被选择状态,然后单击 ⟨ 进入【修改】堆栈器面板,点击【修改器列表】
修改器列表 ,在修改器列表中选择【倒角剖面】,激活【参数】栏中【拾取剖面】,如
图 7 – 56 所示。在视图中拾取剖面图形,便生成了圆盘茶几台面,如图 7 – 57 所示。茶几支
架座请自行完成,最终结果如图 7 – 58 所示。

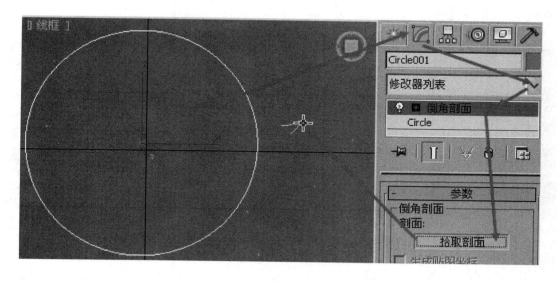

图 7 – 56 添加【倒角剖面】

图 7 – 57 【倒角剖面】创建圆盘

图 7 – 58 茶几最终结果

7.5.5 应用【倒角剖面】制作会议台面

点击 3DSMAX 命令面板【创建】 ⚹,然后点击【图形】 ⟨ 按钮,在【对象类型】卷展栏下

247

单击 ▊▊▊ 矩形 ▊▊▊ 按钮。在顶视图窗口中按住鼠标左键拖动鼠标至适当位置后松开,即可创建一个矩形,确认刚才创建的矩形处于被选择状态,单击 ⬛ 进入【修改】面板,修改矩形的参数,将长度设置为2400,宽度设置为3600,如图7-59所示。重复创建矩形, ⬛ 进入【修改】面板将矩形通过顶点编辑修改成办公家具常见的"鸭嘴边"剖面轮廓图形,如图7-60所示。

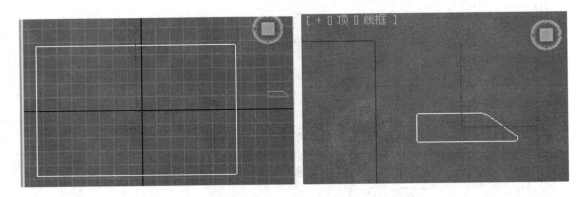

图7-59 创建矩形   图7-60 创建倒角剖面轮廓

确认矩形处于被选择状态,然后单击 ⬛ 进入【修改】面板,点击【修改器列表】 ▊修改器列表▊ ,在修改器列表中选择【倒角剖面】,激活【参数】栏中【拾取剖面】,拾取"鸭嘴边"剖面轮廓图形(见图7-61),便生成了办公桌台面基本型,如图7-62所示。

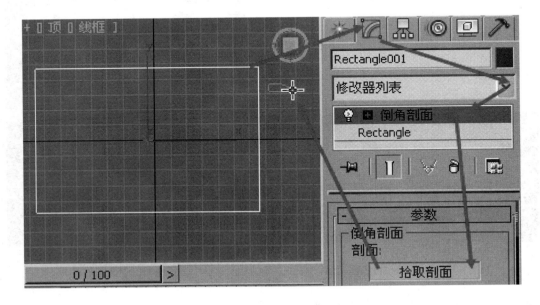

图7-61 添加【倒角剖面】

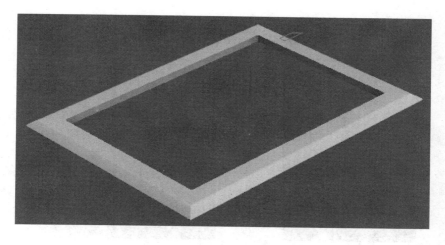

图 7 - 62　【倒角剖面】创建对象

选取"鸭嘴边"为当前物体,单击 ⟨图标⟩ 进入【修改】面板,点击 【+ Line】"＋"号处,展开此图形的次物体,单击【顶点】或 ⟨图标⟩,进入次物体【顶点】层级,点击【选择并移动】⟨图标⟩,选取左边两顶点向左移动,如图 7 - 63 所示。最后结果如图 7 - 64 所示。

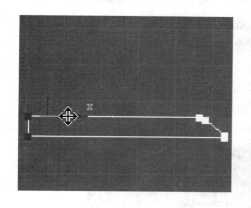

图 7 - 63　修改剖面轮廓

图 7 - 64　【倒角剖面】创建倒角办公台面板

7.6　【晶格】—— ⟨图标⟩ 晶格

7.6.1　【晶格】功能

将物体的边与顶点转化成结构网格物体,应用于创建编织、网格、框架结构家具,如藤编家具、金属网格冲压成型家具、塑料网格家具。【晶格】既可以对整体对象,也可以对局部进行操作。图 7 - 65 和图 7 - 66 所示为进行【晶格】操作创建的藤编家具和金属网格家具效果,使人产生田园生态情愫。

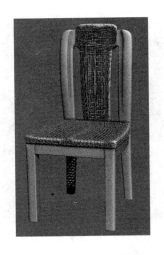

图 7 - 65　【晶格】藤编效果　　　　　图 7 - 66　【晶格】金属网格效果

7.6.2　【晶格】建模操作

在视图中创建一个三维物体,确认该物体处于被选择状态,然后单击 █ 进入【修改】面板,点击【修改器列表】 修改器列表 ▼ ,在修改器列表中选择【晶格】,修改如图 7 - 67和图 7 - 68 所示,即可完成对当前对象【晶格】修改器的操作。图 7 - 69 为简单长方体添加【晶格】效果。

图 7 - 67　【参数】卷展栏　　　　　图 7 - 68　【节点】与【贴图坐标】

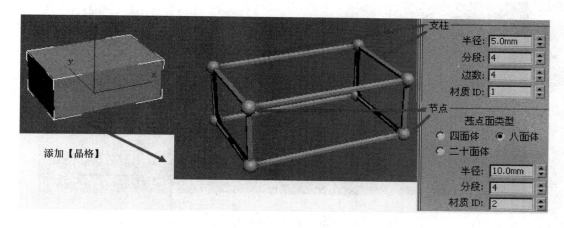

图 7 - 69　长方体添加【晶格】

7.6.3　【晶格】参数详解

◆【应用于整个对象】:勾选此项晶格功能应用于整个物体,不勾选则只应用于局部对象。

●【仅来自顶点的节点】:只作用于顶点。

●【仅来自边的支柱】:只作用于边。

◆【支柱】:设置支柱大小与光滑程度。

●【半径】:设置支柱物体化截面大小。

●【分段】:设置支柱化物体长度方向分段数。

●【边数】:设置支柱化物体截面边数。

◆【节点】:设置顶点物体化大小与光滑度。

●【基点面类型】:设置以何种表面类型作为顶点球化的基本造型,可选择四面体。

●【半径】:设置顶点球化后半径大小。

●【分段】:设置顶点球化后分段数。

7.6.4　应用【晶格】制作茶几架

打开 3DSMAX,在视图中创建球体,确认球体为当前物体,单击 进入【修改】面板,修改球体参数半径为 500、分段为 32,再单击右键转化为可编辑多边形,如图 7 - 70 所示。

在 【修改】面板,激活次物体【多边形】层级 ,将球体上下(对称)的部分多边形框选,按 Delete 键删除,删除后球体成面片状,如图 7 - 71 所示。

关闭【选择】栏次物体【多边形】层级 ,单击 进入【修改】面板,点击【修改器列表】 修改器列表 ,在修改器列表中添加【晶格】,设置支柱半径为 5,分段为 4,边数为 4,设置节点参数半径为 10,分段为 4,材质 ID 号一般选默认值,球体变成了如图 7 - 72 所示框架。

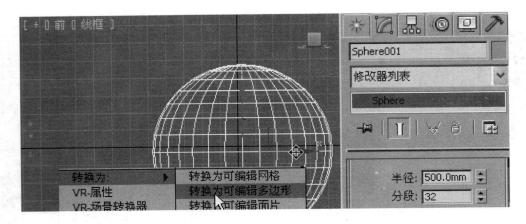

图 7 – 70 创建球体

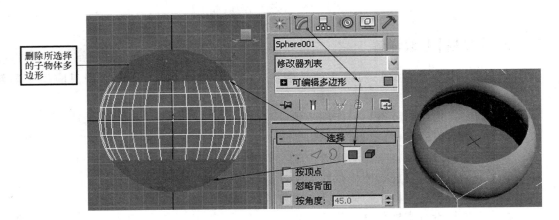

图 7 – 71 转换为可编辑多边形并编辑

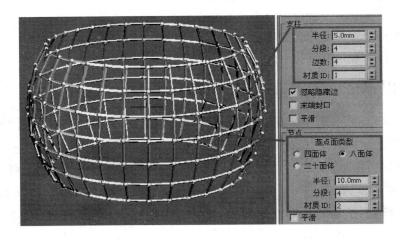

图 7 – 72 添加【晶格】

前文中我们制作过圆盘茶几，如图 7 – 73 所示。现在将圆盘茶几上圆盘面合并到当前场景。点击 3DSMAX 软件界面左上角 ⑤ 图标，在弹出菜单中执行命令：【导入】—【合并】命令,如图 7 – 74 所示。

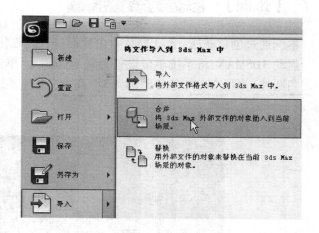

图 7 – 73　圆盘茶几　　　　　　　　　　图 7 – 74　执行【合并】

　　找到先前制作的茶几文件—圆盘茶几 . max 文件并双击打开,如图 7 – 75 所示。在对象列表中选择 Circle001y 以及 Line001(轮廓剖面线),点击【确定】,如图 7 – 76 所示,茶几圆盘面板就合并到当前文件中。其他情况可按图 7 – 77 处理,最终结果如图 7 – 78 所示。

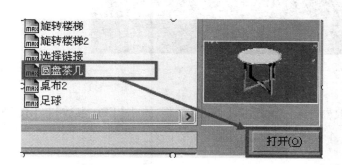

图 7 – 75　打开文件　　　　　　　　　　图 7 – 76　选择合并对象

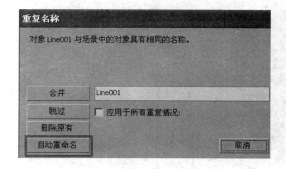

图 7 – 77　名称重复冲突提示　　　　　　图 7 – 78　完成合并

7.7 【扭曲】—— 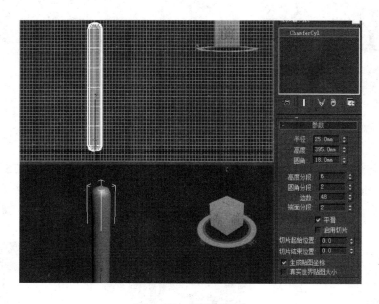 Twist

本例通过创建花瓶，学习 FFD 自由变形、扭曲、锥化、布尔等命令的运用。

启动 3DSMAX，将系统单位设置为毫米（mm）。单击【切角圆柱体】，在顶视图中创建一个切角圆柱（半径 25、高度 395、圆角 18、高度分段 6、圆角分段 2、边数 48、端面分段 2），命名为"花瓶—内"，如图 7 - 79 所示。

图 7 - 79　创建圆柱体

为造型添加【FFD(box)】修改器，点击 进入【修改】面板，点击【FFD 参数】栏【设置点数】，将长、宽、高分别设置为 2、2、4，如图 7 - 80 所示。

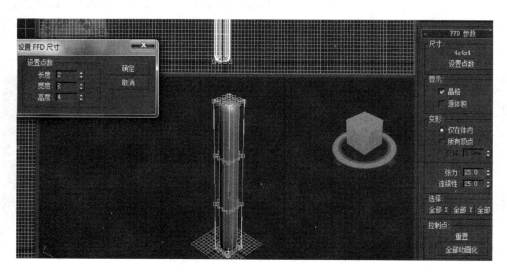

图 7 - 80　添加【FFD】

　　按1键,进入控制点层级,分别在顶视图、前视图中调整控制点的形态,调整后如图7-81所示。

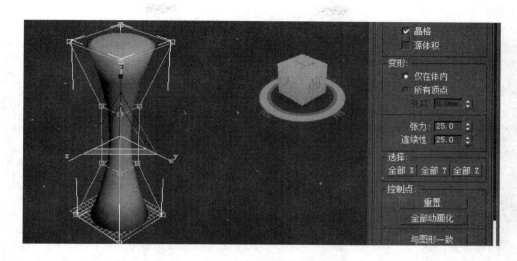

图7-81　缩放次物体控制点

　　为造型添加【扭曲】修改器,在参数栏设置角度为120,偏移为0,扭曲轴为默认的 Z 轴,效果如图7-82所示。

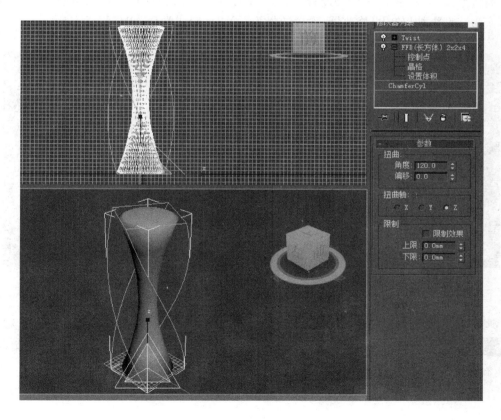

图7-82　添加【扭曲】

单击【星形】按钮,在顶视图绘制一个星形,半径 1 为 100,半径 2 为 85,点为 8,圆角半径 1 为 8,圆角半径 2 为 8,命名为"花瓶—外";为造型添加【挤出】修改器,设置数量为 390,如图 7 – 83 所示。

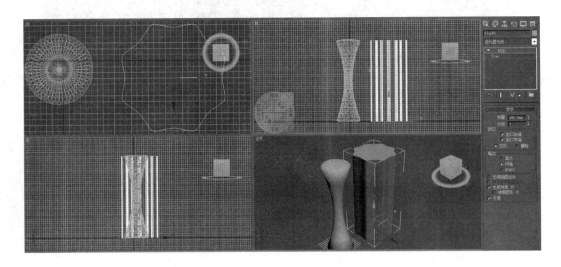

图 7 – 83　创建星形并添加【挤出】

为造型添加【扭曲】修改器,设置角度为 120,偏移为 0,扭曲轴默认为 Z 轴,如图 7 – 84 所示。为造型添加【锥化】修改器,设置数量为 – 0.25,曲线为 0,如图 7 – 85 所示。

图 7 – 84　添加【扭曲】

调整好"花瓶—外"和"花瓶—内"的位置,选择"花瓶—外",选择【复合对象】 <u>复合对象</u>,然后单击【布尔】 布尔 命令按钮。选择【操作】项下的【差集(A – B)】,在视图中选择"花瓶—内",如图 7 – 86 所示,最终结果如图 7 – 87 所示。

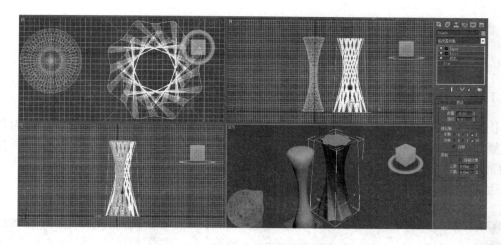

图 7 - 85　添加【锥化】

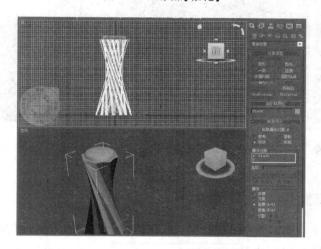

图 7 - 86　布尔

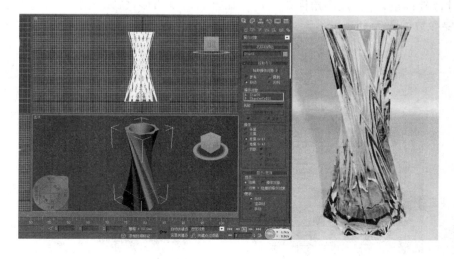

图 7 - 87　最终结果

7.8 【壳】—  壳

7.8.1 【壳】功能

【壳】是一个功能丰富的修改器,支持对三维图形、面片、几何体的编辑修改。前面我们在讲解注塑椅子时就应用到【壳】修改器,图 7-88 至图 7-90 都是应用【壳】编辑得到。【壳】通过对图形、面片、几何体拉升增加厚度,同时赋予轮廓边部剖面图形。对于创建等厚轮廓边部有造型收口的物体非常方便。

 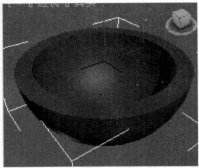 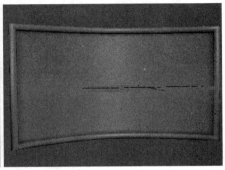

图 7-88　面【壳】对象　　　图 7-89　几何体【壳】对象　　　图 7-90　图形【壳】对象

7.8.2 【壳】建模操作

在视图中创建一个图形、一个面片或三维物体,确认该物体处于被选择状态,然后单击【修改】 ,点击【修改器列表】 修改器列表 ,在修改器列表中选择【壳】,设置好【内部量】、【外部量】,激活【倒角样条线】,并在视图拾取图形,就完成添加【壳】修改器的操作,其主要参数如图 7-91 和图 7-92 所示。

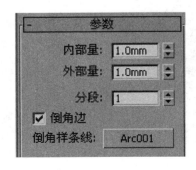 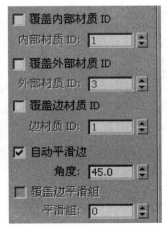

图 7-91　【参数】栏　　　　　图 7-92　【材质】栏

7.8.3　【壳】参数详解

◆【内部量】:三维图形、面片、几何体法线方向反方向增加厚度量。
◆【外部量】:三维图形、面片、几何体法线方向正方向增加厚度量。
◆【倒角样条线】:边部进行收口处理的轮廓截面图形,点击 None ,然后在视图中拾取指定截面图形。
◆【覆盖内部材质ID】:赋予【壳】编辑物体多维/子对象材质对应的内部材质编号。
◆【覆盖外部材质ID】:赋予【壳】编辑物体多维/子对象材质对应的外部材质编号。
◆【覆盖边材质ID】:赋予【壳】编辑物体多维/子对象材质的对应的收口材质编号。

7.8.4　【壳】应用于面对象制作椅座

点击命令面板【创建】 ,单击【几何体】 ,选择【标准基本体】 标准基本体 ,在列出的标准基本体中单击 平面 ,在顶视图点击创建一个平面。确认平面处于被选择状态,单击 进入【修改】面板,修改平面参数长度为450,宽度为600,设置长度分段为4,宽度分段为6,如图7-93所示。

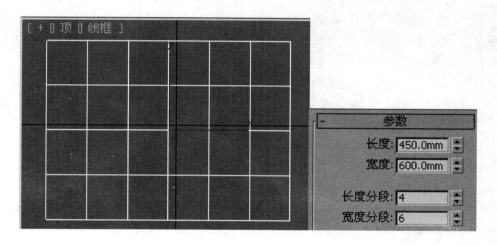

图7-93　编辑平面

在前视图的平面上单击右键,并确定平面为被选择状态,单击右键转换成可编辑多边形,单击 进入【修改】面板,在【选择】栏下激活【顶点】 ,在前视图选择左右两边顶点向上移动到到适当位置,如图7-94所示。

在【选择】栏下切换激活【边】 ,选择图7-95所示上端的边,按住Shift+ 进行复制,复制后移动到适当位置。选择后上端边(见图7-96)按住Shift+ 进行三次复制,新复制边与原边构成新面,如图7-97所示。

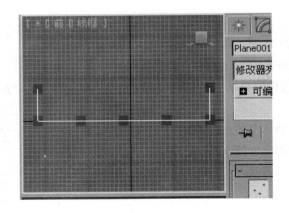

图 7 - 94　移动顶点

图 7 - 95　复制选择边

图 7 - 96　执行复制后结果

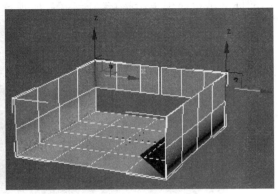

图 7 - 97　复制边形成面

　　再次回到【顶点】层级,在【选择】栏下激活【顶点】,将后上方中间顶点应用【目标焊接】焊接在一起,焊接后效果如图 7 - 98 所示。再次在【选择】栏下切换激活【边】 ,选择最上端的全部边,按住 Shift + 进行复制,如图 7 - 99 所示。

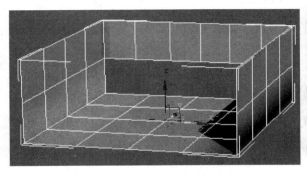

图 7 - 98　顶点焊接

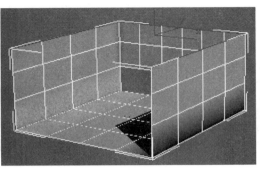

图 7 - 99　选择上端边复制

为符合坐具尺度比例,在【顶点】层级,应用【选择并均匀缩放】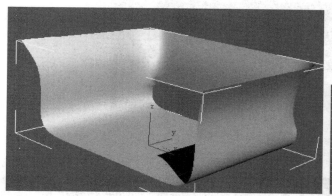选择最上端的全部顶点,放大到适当程度,然后在【细分曲面】- 细分曲面 栏下勾选【使用 NURMS 细分】,在显示【迭代次数】数值输入框中输入 2 或 3,这时整个形体变得圆润光滑,但是看上去缺乏厚度感,如图 7 - 100 所示。

在视图中画一圆弧,形状与参数如图 7 - 101 所示。确认平面变体处于被选择状态,如图 7 - 102 所示,选择添加【壳】修改器的物体,点击【壳】倒角边 None ,在视图中选择圆弧,仔细看收口有错误,是内凹,而我们原本设计是外凸半圆柱收口。确认添加【壳】物体处于被选择状态,然后单击 进入【修改】面板,在修改器列表中选择【壳】,设置好【内部量】为 1,【外部量】为 1,如图 7 - 102 所示。设置好后形态效果如图 7 - 102 右局部立体图所示。

图 7 - 100　应用【细分曲面】　　　　　　　　　　图 7 - 101　绘制弧形

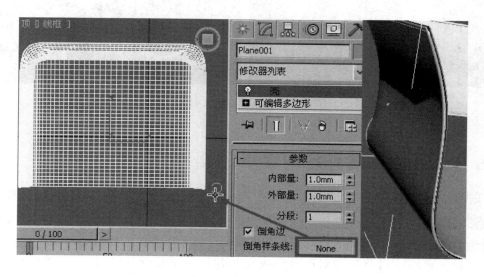

图 7 - 102　添加【壳】

261

在视图中选择圆弧为当前物体,单击右键转换为可编辑样条线,然后单击 进入【修改】面板,在选择栏点击次物体【样条线】 ,在视图中选择圆弧,再点击【镜像】,如图7-103所示。物体轮廓收口由内凹变成了外凸圆柱形态,如图7-104所示。如果再添加【晶格】修改器,效果如图7-105所示。

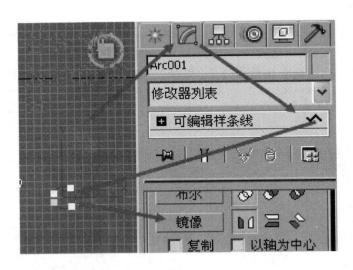

图 7-103 【镜像】弧次样条线

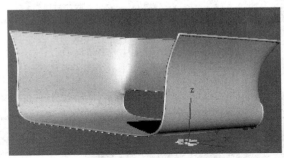

图 7-104 收口变化

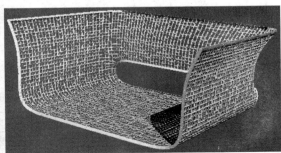

图 7-105 添加【晶格】

7.8.5 【壳】应用于球体创建新对象

在视图中生成半径为200的球体,如图7-106所示。单击 进入【修改】面板,点击【修改器列表】,在修改器列表中选择【壳】,设置【内部量】为20、【外部量】为20,如图7-107所示,可以看到球体结构已经发生变化。从结构可以看出是两层球结构,实际上就是【壳】修改器对原球体表面拉伸的一个厚度,已经是一个带壁厚的空心球了。

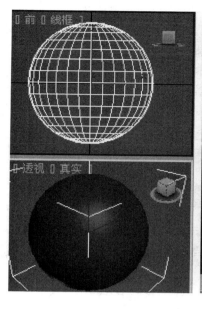

图 7 - 106　创建球体

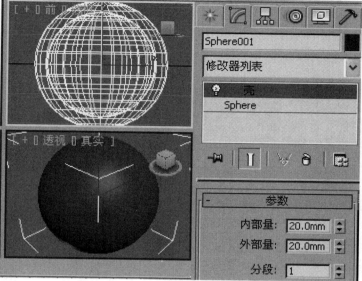

图 7 - 107　添加【壳】

在视图中生成一个长方体,选择球体为 A 物体,点击命令面板【创建】⚹,在【几何体】◎ 下单击【标准基本体】 标准基本体 右侧的 ⌄ 下拉式按钮,选择【复合对象】 复合对象 ,然后单击【布尔】 布尔 命令按钮,激活【拾取操作对象 B】,在视图拾取长方体作为 B 物体,这样就产生球体与长方体的布尔运算,如图 7 - 108 所示。运算后结果如图 7 - 109 所示。可以看出,几何体添加【壳】修改器后,表面被拉伸出一定厚度,实际成为了有厚度壁的空心体。

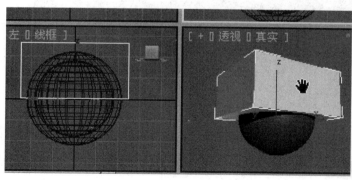

图 7 - 108　布尔运算

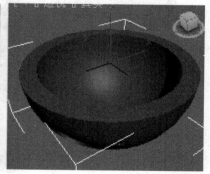

图 7 - 109　最终结果

7.8.6　【壳】应用于二维图形创建新对象

点击 3DSMAX 命令面板【创建】⚹ 按钮,然后点击【图形】⚷ 按钮,在

— 对象类型 卷展栏下单击 矩形 按钮,在前视图绘制矩形,如图 7 – 110 所示。确定刚创建的矩形处于被选择状态,单击 进入【修改】面板,设置矩形长度为 200,宽度为 300。将光标放在矩形上单击右键,转化为可编辑样条线,如图7 – 111所示。

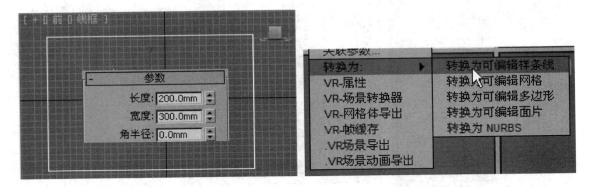

图 7 – 110　创建矩形　　　　　　　　图 7 – 111　转化为可编辑样条线

单击 进入【修改】面板,点击 可编辑样条线 "+"号处点击,便可展开此图形的次物体,单击【顶点】或 ,进入图形次物体【顶点】层级,激活【优化】,在矩形长边上各添加一个点,如图 7 – 112 所示。

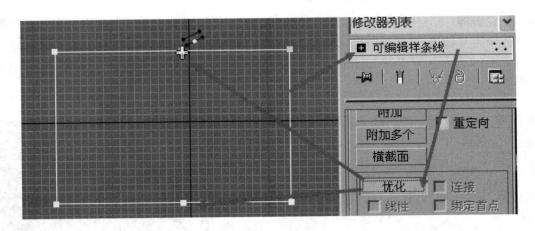

图 7 – 112　添加点

在次物体顶点层级 选择刚添加的点,应用 移动工具,在顶视图调整点位置,并在顶视图创建弧线,如图 7 – 113 所示。

再次选择编辑后的矩形,然后单击 进入【修改】面板,点击【修改器列表】 修改器列表 ,在修改器列表中添加【壳】,设置好【内部量】、【外部量】,激活【倒角样条线】—【None】,在视图拾取刚创建的圆弧,就完成添加【壳】修改器的操作。

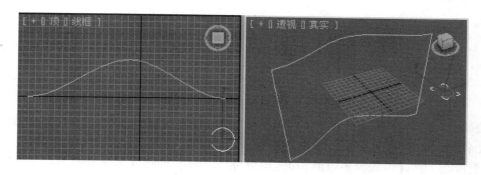

图 7 - 113　矩形与弧线

在视图中选择圆弧,单击右键转换为可编辑样条线,单击 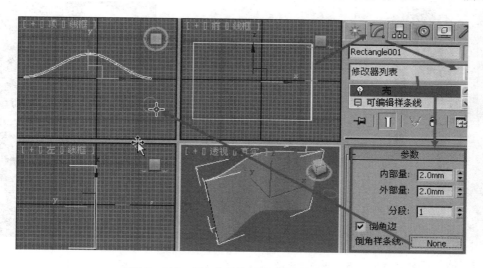【修改】,在选择栏点击次物体【样条线】,在视图中选择圆弧,如图 7 - 114 所示。再点击【镜像】,如图 7 - 115 所示。【壳】创建的几何体边部收口由内凹变成了外凸圆柱形,如图 7 - 116 所示。

图 7 - 114　添加【壳】选取弧为倒角样条线

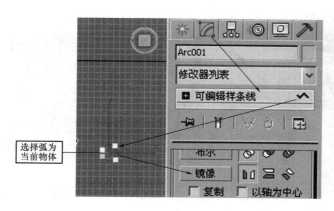

图 7 - 115　【镜像】

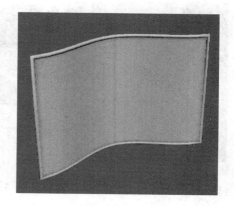

图 7 - 116　最终结果

265

第8章 【可编辑多边形】高级建模

通过前面的学习,我们已经具备创建大部分家具模型的能力,但是还有很多家具尤其是具有复杂曲面的家具,对于我们来说创建起来不知如何下手。本章举例讲解【可编辑多边形】建模修改工具,【可编辑多边形】功能十分强大,应用方便,许多含有曲面与复杂造型结构的圆润的实木家具、软体家具都可通过应用【可编辑多边形】来编辑创建,图8-1至图8-5所示家具造型的创建是我们尚未涉及的,试想用先前学过的知识来创建这些造型是不是非常棘手? 这些家具都可或必须通过【可编辑多边形】来编辑创建,由此可见,【可编辑多边形】确实具有强大的曲面建模功能,在软体家具建模方面更是不可或缺。

图8-1 多边形建模实木椅1　　　　　图8-2 多边形建模软体椅

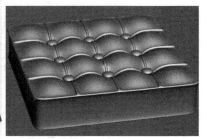

图8-3 多边形建模实木椅2　　图8-4 多边形建模实木椅3　　图8-5 多边形建模经典坐垫

可编辑多边形命令有5个次层级对象,分别是节点、边、边界、可编辑多边形和元素。

8.1　应用【可编辑多边形】创建完美抱枕

创建之前先看看抱枕的形态(见图 8 - 6),非常逼真,几乎和现实抱枕没有什么差别。

图 8 - 6　多边形建模抱枕效果

点击命令面板【创建】 ，单击【几何体】 ，再选择【标准基本体】,单击　　长方体 ,
在顶视图创建长方体,然后单击 进入【修改】面板设置参数,如图 8 - 7 所示。

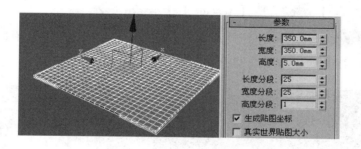

图 8 - 7　创建长方体并设置参数

点击 【修改】面板进入【修改】堆栈器面板,点击【修改器列表】
修改器列表 ,在修改器列表中选择【reactor Cloth】,设置参数,如图 8 - 8 所示。

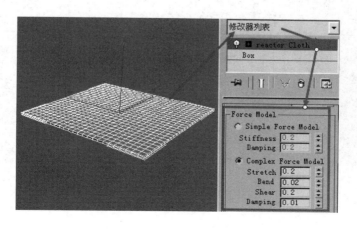

图 8 - 8　添加【reactor Cloth】

267

　　确定长方体为当前物体,在主工具栏上单击右键,在弹出的菜单中选择【reactor】,然后在弹出的工具条中点击【Create Cloth Collection】，如图 8 - 9 所示。

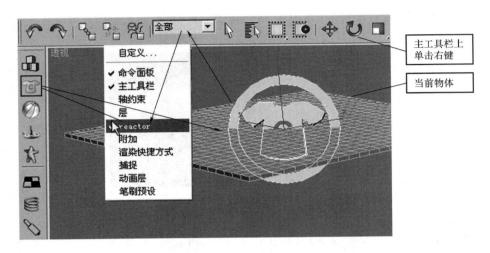

图 8 - 9　应用【Create Cloth Collection】

　　点击【工具】 下【reactor】　reactor 栏,然后点击展开 - Preview & Animation 卷展栏,再点击【Preview in Window】(见图 8 - 10)进入动画浏览器,在英文状态下按 P 键,长方体开始变形,如图 8 - 11 所示。

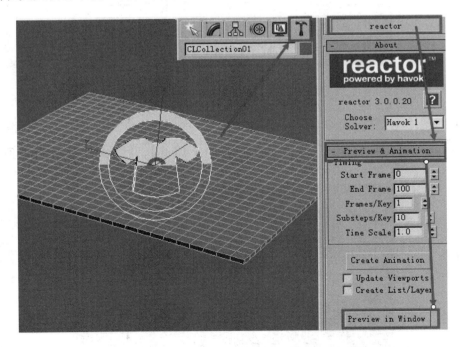

图 8 - 10　点击【工具】面板中【reactor】

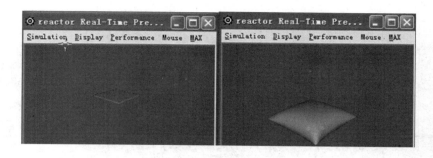

图 8 – 11 执行【Preview in Window】

当长方体形态变化到符合抱枕形态时,再次按下 P 键停止变形,点击菜单:【MAX】—【Update MAX】,如图 8 – 12 所示,长方体形态变成抱枕雏形,如图 8 – 13 所示。

图 8 – 12 停止动画

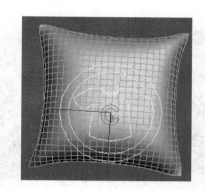

图 8 – 13 更新结果

确认抱枕处于被选择状态,单击右键将其转化为可编辑多边形后选择中间一条竖边,如图 8 – 14 所示。点击【环形】 环形 ,中间所有的短竖边全部被选中,在任意被选边上单击右键,选择【转换到面】,如图 8 – 15 所示,中间面被选上。在此状态下,在 【修改】面板下【编辑多边形】栏点击【挤出】 挤出 按钮边上的设置 按钮,如图 8 – 16 所示。参数设置如图 8 – 17 所示。

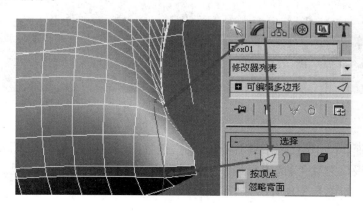

图 8 – 14 选择边

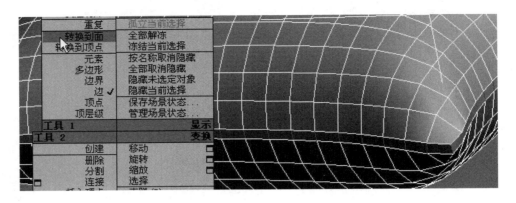

图 8 - 15　转化到面

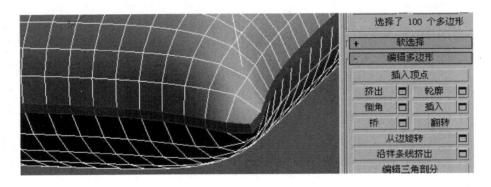

图 8 - 16　多边形执行【挤出】

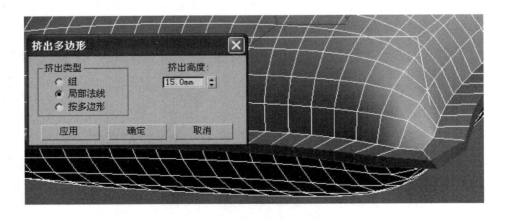

图 8 - 17　【挤出】参数设置

在【细分曲面】下勾选【使用 NURMS 细分】,设置【迭代次数】为 2,如图 8 - 18 所示。材质的做法是在【漫反射颜色】通道里加一个衰减贴图,然后在【凹凸】通道里加上这个黑白凹凸贴图就可以了,如图 8 - 19 所示。最终结果如图 8 - 20 所示。

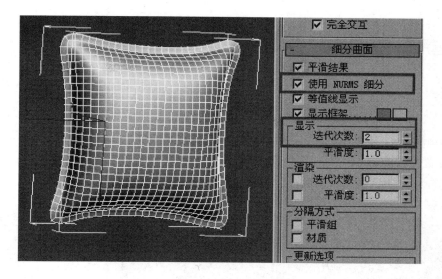

图 8 - 18　修改【细分曲面】参数

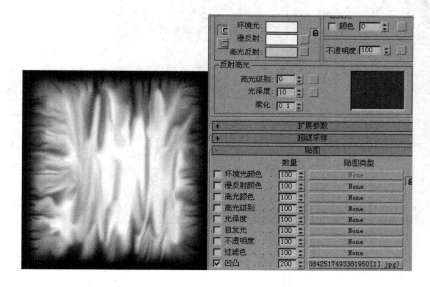

图 8 - 19　凹凸贴图通道使用图片以及渲染效果贴图与最后效果

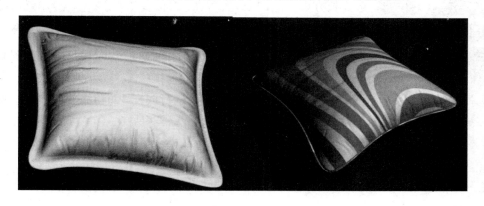

图 8 - 20　凹凸贴图通道使用图片以及最后效果

8.2 应用【可编辑多边形】创建餐椅

启动 3DSMAX,设置单位为毫米(mm)。单击命令面板【创建】 ☀ ,单击【几何体】 ◯ ,选择【标准基本体】 标准基本体 ,单击 长方体 ,在前视图单击并拖动创建一个长方体。点击 ⟋ 进入【修改】面板,修改对象参数,设置长方体的长度为500,宽度为400,高度为100,设置分段为 2×2×1。确认创建好的长方体处于被选择状态,将光标置于长方体上,单击右键将长方体转换为可编辑多边形,如图8-21所示。

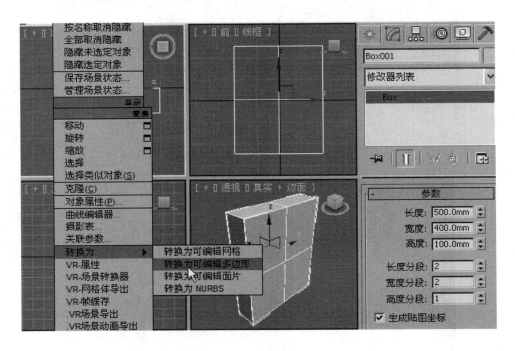

图 8-21 创建并编辑长方体

在【选择】栏下单击 ■ ,激活次物体多边形,进入【多边形】层级 ⁘ ◁ ⌒ ■ ▣ ,选择长方体左侧的面,然后在【编辑多边形】 - 编辑多边形 栏下点击【挤出】 挤出 □ 边上的【设置】 □ 按钮,在弹出的【挤出多边形】对话框 ⟊ 50.0mm 设置50,点击 ✓ 以示确认,使所选择的侧边的面拉伸50mm 的高度,如图8-22所示。

选择右侧的两个面进行同样的【挤出】,使右边侧面进行同样50mm 高度的拉伸,再用同样的方法使上下边上的面进行【挤出】,如图8-23至图8-25所示。

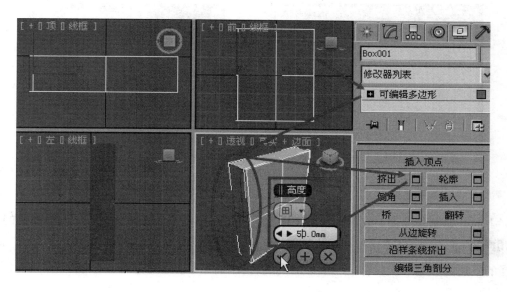

图 8 – 22　转化为可编辑多边形并【挤出】左边面

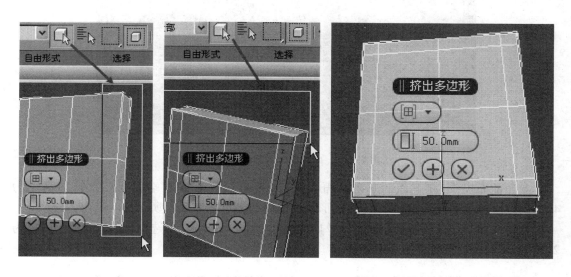

图 8 – 23　激活选择　　　图 8 – 24　选择右边面【挤出】　　　图 8 – 25　选择下端面【挤出】

　　再次选择底端的面后在【编辑多边形】－ 编辑多边形 栏下点击【挤出】 挤出 边上的【设置】按钮,使所选择的下边的面拉伸 100mm 的高度。如图 8 – 26 和图 8 – 27 所示。

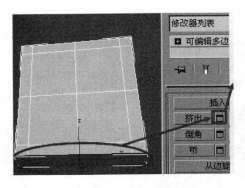

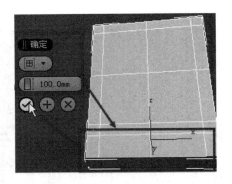

图 8-26 下端面再次执行【挤出】　　　　　图 8-27　执行【挤出】结果

下面开始制作座面,选择长方体正面最下边的面,点击【挤出】 挤出 □边上的【设置】□按钮,在弹出的【挤出多边形】对话框里 ▯ 50.0mm 设置50,点击 ✓ 以示确认,使所选择的下边的面第一次拉伸为50mm 的高度,挤出后结果如图 8-28 图右所示。

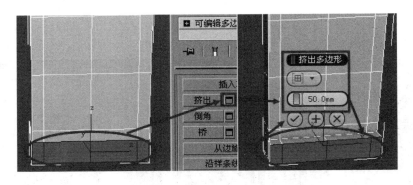

图 8-28　正面最下端面执行【挤出】

参照前面操作,在上面的基础上再次进行【挤出】,设置座面端面第二次挤出高度为400,第三次挤出高度为50,关闭【多边形】次物体,得到如图 8-29 所示椅子形态。

在修改面板中的【细分曲面】栏下勾选【使用 NURMS 细分】复选框,设置【迭代次数】为2,使整个形态光滑,如图 8-30 所示。

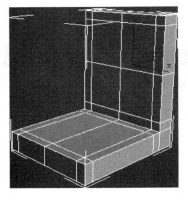

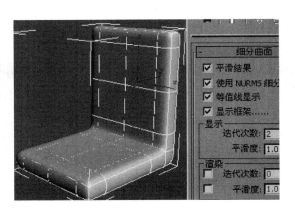

图 8-29　挤出结果　　　　　　　　　　图 8-30　细分结果

在 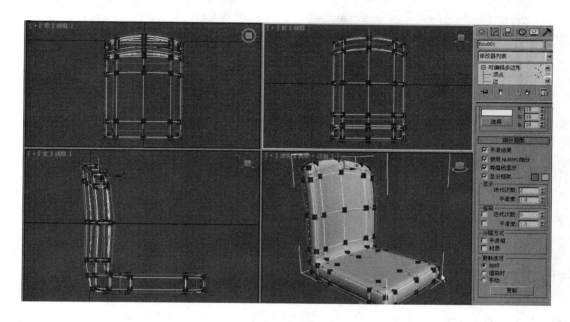【修改】面板【选择】栏下单击激活次物体多边形,进入【多边形】层级,在三个视图选择需要的顶点,应用移动或缩放工具调整靠背形态,如图 8 - 31 所示。使椅子中部靠腰部分往前凸,靠背顶部中间高两边低,形成优美弧形;靠背整体上薄下厚,形成细节上的变化。调整后形态如图 8 - 32 图右所示。

图 8 - 31 移动顶点

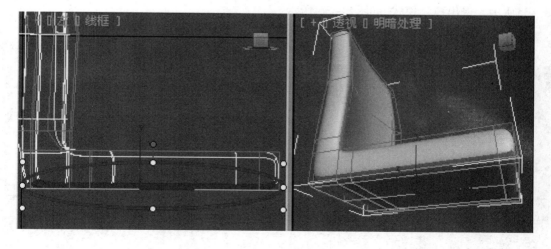

图 8 - 32 调整靠背形态

在 【修改】面板单击 激活次物体多边形,选择座面底部多边形,按 Delete 键直接删除,图 8 - 33 和图 8 - 34 为删除多边形前后形态对比。

图 8-33　删除多边形前效果

图 8-34　删除多边形后效果

在顶视图创建一个截面为 50×50 的长方体,段数都设置为 1,确认处于被选择状态,单击右键转化为可编辑多边形,再次单击右键选择【孤立当前模式】孤立当前模式,视图中只剩下长方体,防止其他物体对其编辑操作的影响。

在【选择】栏下单击 ■ 激活次物体多边形,进入【多边形】层级,在透视图中选取下面的面。再单击 倒角 □ 右边【设置】□ 按钮,弹出【倒角】对话框,设置倒角高度为 50,在 (✓)(+)(✕) 的 (+) 处连续单击 10 次,再点击 (✓) 完成,如图 8-35 所示。退出孤立模式,如图 8-36 所示。

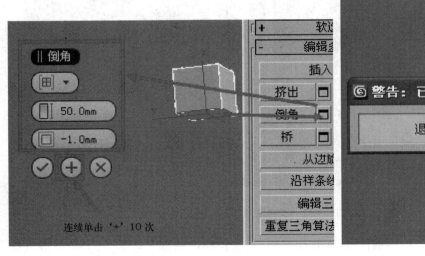

图 8-35　创建长方体转化为可编辑多边形

图 8-36　退出孤立模式

退出子物体编辑模式,移动椅腿到适当位置。点击【修改器列表】,添加【弯曲】修改器,设置【弯曲】参数,角度为 15,方向为 225,如图 8-37 所示。再通过【镜像】工具复制另外三条腿,最终形态如图 8-38 所示。

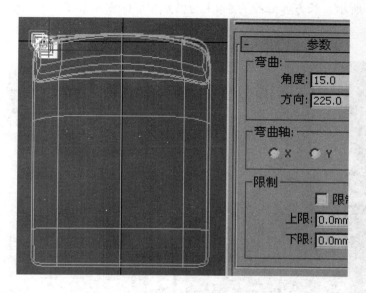

图 8-37 弯曲

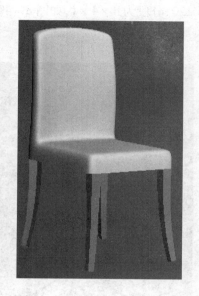

图 8-38 最终结果

8.3 应用【可编辑多边形】创建巴塞罗那椅坐垫

先认识巴塞罗那椅坐垫形态与效果,如图 8-39 所示。这种软体家具结构也是现代软体家具造型的典型结构,掌握巴塞罗那椅模型的创建,对家具设计中软体家具的 MAX 设计表达具有非常重要的意义。通过学习应用【可编辑多边形】制作巴塞罗那椅坐垫,将掌握【可编辑多边形】中的边【连接】、顶点【倒角】,复习多边形【挤出】、【倒角】等诸多命令。

图 8-39 巴塞罗那椅坐垫

启动3DSMAX,设置单位为毫米(mm)。点击命令面板【创建】✳,【几何体】◯,选择【标准基本体】标准基本体,单击 长方体,在顶视图创建一个长方体。随后点击进入【修改】面板,修改对象参数,在对象参数框中设置长度为600、宽度为600、高度为120、分段为4×4×1,如图8-40所示。长方体分段为4×4与巴塞罗那椅座面分成4×4区域一致。

图8-40　创建长方体

在透视图左上角 [+　透视　真实] 右边的 真实 处单击右键,在弹出的菜单中选择 边面 ,如图8-41所示。透视图的显示情况就会变成【真实+边面】,如图8-42所示。

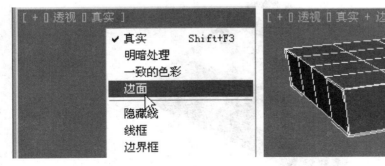

图8-41　选择显示边面　　　　　　图8-42　显示边面结果

确认创建好的长方体处于被选择状态,将光标置于长方体上,单击右键将长方体转换为【可编辑多边形】,如图 8 – 43 所示。单击 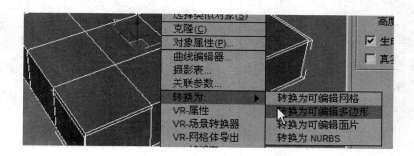 进入【修改】面板,在【选择】栏下单击 激活次物体【边】,进入次物体【边】 层级,在多边形上选择如图 8 –44 所示的一条边,单击环形 环形 ,同类型的平行线都被选上,椭圆形示意卷内边被选上。再单击【编辑边】栏下的 倒角 右边的【设置】 按钮,在对话框中设置分段为2,滑块为0,偏移为0,得到如图 8 –45 图左所示多边形,增加了连接边。

图 8 – 43 转化为可编辑多边形

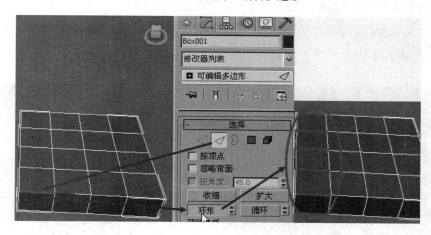

图 8 – 44 选择边

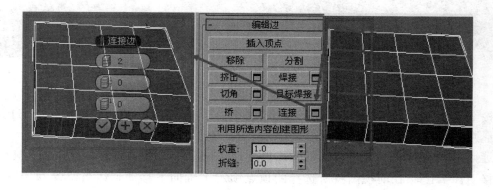

图 8 – 45 选择边执行【连接】

重复上一步,对其余平行线组进行连接,连接结果如图 8-46 所示。按照上一步操作流程对另一方位的边进行同样的连接操作,得到如图 8-47 所示结果。

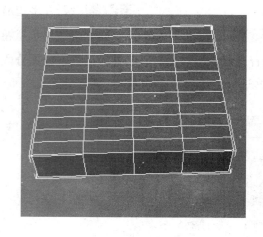

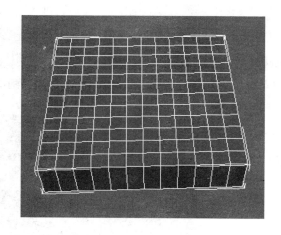

图 8-46　其他边执行【连接】　　　　　　图 8-47　执行【连接】结果

在【选择】栏下单击  激活次物体【多边形】,按住 Ctrl 键,选择如图 8-48 所示的 16 个面,激活主工具栏【选择并移动】按钮,将所选择的面锁定 Z 轴向上移动到适当位置,得到如图 8-48 图右多边形形态。

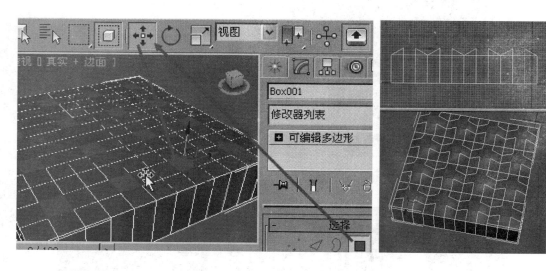

图 8-48　选择多边形向上移动

按组合键 Ctrl + A,选择物体的全部面,在【多边形:平滑组】栏下点击【清除全部】,物体多边形则不再以平滑方式显示,如图 8-49 所示。

选择多边形 4×4 区域分段线的交叉顶点,如图 8-50 所示。选择后应用主工具栏【选择并移动】工具,在前视图将所选择的顶点锁定 Y 轴向下移动到适当位置,如图 8-51 所示。

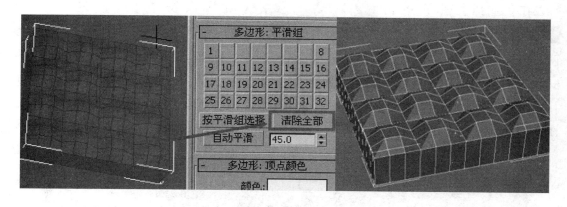

图 8 – 49 清除平滑

图 8 – 50 选择顶点

图 8 – 51 移动顶点

在【编辑顶点】栏下点击【切角】 切角 □ 右边的【设置】□ 按钮,设置切角参数,如图 8 – 52 所示。切角后效果如图 8 – 53 所示。

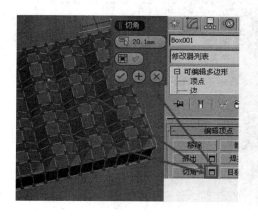

图 8 – 52 顶点执行【切角】

图 8 – 53 执行【切角】结果

在【选择】栏下单击 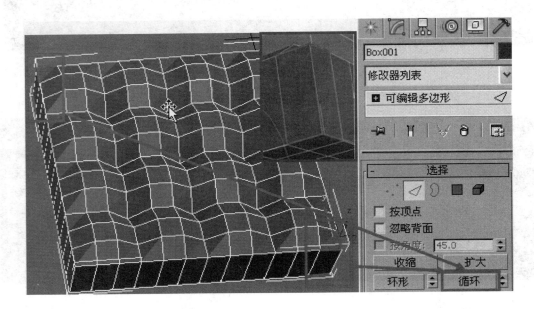 激活次物体【边】，进入【边】层级，选择上边最外围矩形两对角上两对边，再选择下边最外围矩形两对角上两对边，点击【选择】栏下 循环 按钮，坐垫上下周边所有边则都被选上，如图 8 - 54 所示。在【编辑边】栏下单击 切角 □ 右边的 □ ，在弹出的切角设置对话框设置边切角量为 5，分段为 1，然后单击 ✓ 确认，如图 8 - 55 所示。执行【切角】后结果如图 8 - 56 所示。

图 8 - 54　选择上下对角四对边

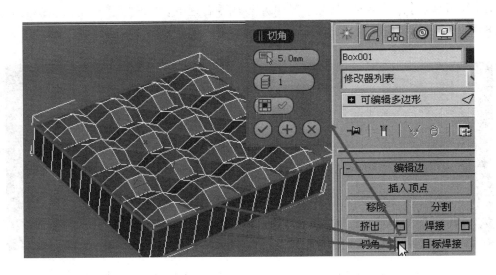

图 8 - 55　选择上下外围边执行【切角】

在刚切角产生的面上选择两条边,在
【选择】栏下单击【环形】 环形 按钮,
如图 8 – 57 所示,则与其平行向的边全部
被选上。将光标置于任意被选边上,单击
右键,在弹出的菜单中选择【转化为面】,
刚才通过切角命令新增的面则全部处于
被选择状态。单击【编辑多边形】栏下【挤
出】 挤出 □右边的【设置】□按钮,在
弹出的对话框中设置挤出类别为【局部法
线】,挤出高度设置为 10,则刚才通过切角
命令新增的面挤出一个高度,如图 8 – 58
所示,为后面软体座面的周边收口包线奠
定基础。

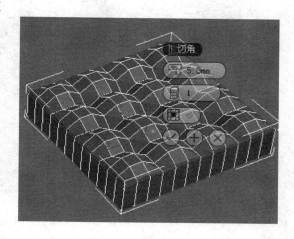

图 8 – 56　执行【切角】结果

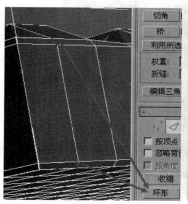

图 8 – 57　选择边

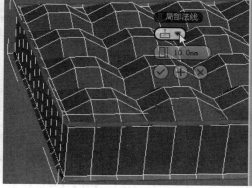

图 8 – 58　执行【挤出】

　　在【选择】栏下单击 激活次物体边,进入【边】层级 ,选择中间凹下的 6 条贯通边(在选择边的过程中很容易漏选、误选,所以要非常仔细,否则很容易发生错误),单击【编辑边】栏【切角】 切角 □右边的【设置】□按钮,弹出【切角】对话框,设置边切角量为 5,设置后单击 确认,如图 8 – 59 所示。

　　可以看到刚才所选的边通过切角切出新增面,在【选择】栏下单击 激活次物体【多边形】,进入【多边形】层级 ,在透视图选择上一步切角新增的面,再单击【挤出】 挤出 □按边上的【设置】□按钮,弹出【挤出】对话框,设置高度为 10,挤出方式为【局部法线】,如图 8 – 60 所示。【挤出】结果如图 8 – 61 所示。

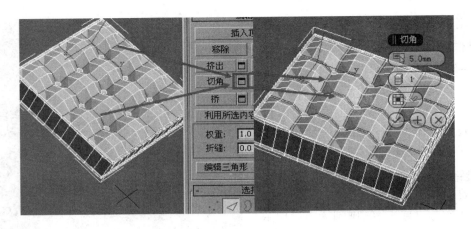

图 8-59　选择上面凹下边并执行【切角】

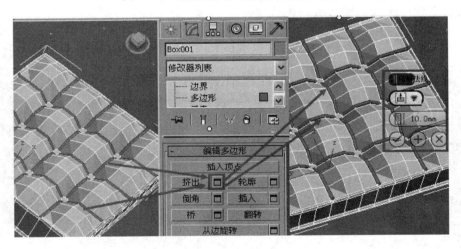

图 8-60　多边形【挤出】

在【细分曲面】 细分曲面 下勾选【使用 NURMS 细分】,在显示【迭代次数】数值输入框中输入 2 或 3,这时整个形体变得圆润光滑,具备软体家具形态特质,如图 8-62 所示。

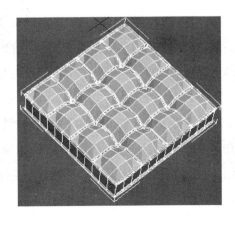

图 8-61　多边形【挤出】结果

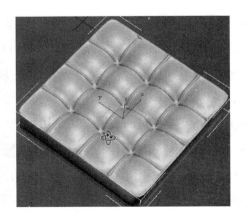

图 8-62　勾选【细分曲面】

虽然整体效果令人满意,但是家具的艺术审美和家具的细节有很大的关系。同样,家具造型创建的完美程度与建模细节也有很大关系。仔细查找刚才细分曲面状态下的缺陷,中间凸起的结构线与边部收口线接口有问题,如图 8 – 63 所示,需要进一步处理。

图 8 – 63 查找缺陷

在【细分曲面】- 细分曲面 栏取消勾选 使用 NURMS 细分【使用 NURMS 细分】,在【选择】栏下单击 激活次物体【多边形】,进入次物体【多边形】 层级,在透视图中选取中间软包结构线端面,按下键盘 Delete 键删除,如图 8 – 64 所示。

在【顶点】编辑模式下,激活【目标焊接】按钮,如图 8 – 65 所示。在刚才删除面上有四个顶点,在四个点中单击上方任意一点,按住鼠标左键拖到同边上对应的下方点,通过【目标焊接】使它们焊接成一点,如图 8 – 66 所示。同样操作对另外两个点进行焊接,如图 8 – 67 所示。

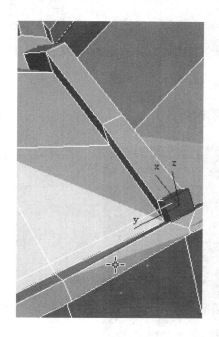

图 8 – 64 删除面

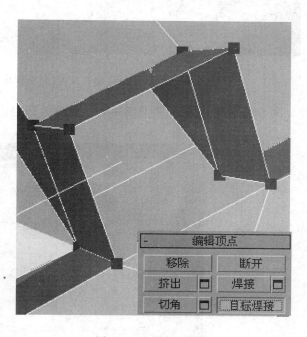

图 8 – 65 焊接两顶点

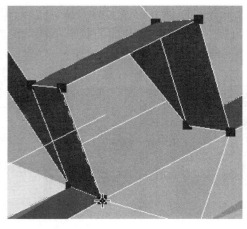

图 8 – 66 焊接同边上顶点

图 8 – 67 焊接其他顶点

重复上一步,将边上同样隆起的线接口缺陷处全部这样处理,这里不重复讲解。

在【细分曲面】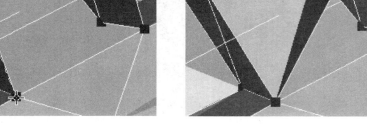 下勾选【使用 NURMS 细分】,在【迭代次数】数值输入框中输入 2 或 3,中间凸起的结构线与边部收口线接口局部情况和图 8 – 63 相比有很大改善,如图 8 – 68 所示。

图 8 – 68 顶点【目标焊接】后效果改变

再次查看整体效果(见图 8 – 69),整体效果也比以前改善许多。

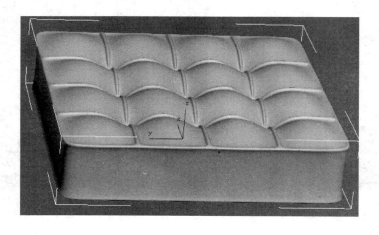

图 8 – 69 【细分曲面】设置后效果

点击命令面板【创建】 ，点击【几何体】 ，再选择【标准基本体】 标准基本体 ，点击【球体】 球体 ，创建球体，大小目测把控，并通过应用【选择并移动】 工具将刚创建的球移动移到坐垫中间凹陷处合适位置，如图 8 – 70 所示。

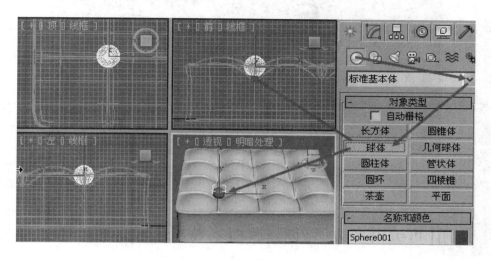

图 8 – 70 创建球体

选择球体，通过【选择并不等比缩放】 ，对球体进行非等比缩放，将球缩放呈扁平状，再次应用【选择并移动】 工具调整位置。选择调整好形态与位置的扁平球，点击【选择并移动】 工具，按住 Shift + 鼠标左键进行复制，如图 8 – 71 所示。首先复制一排，然后将全部包扣复制成三组，再赋予坐垫与所有包扣同样的材质颜色。最终效果如图 8 – 72 所示。

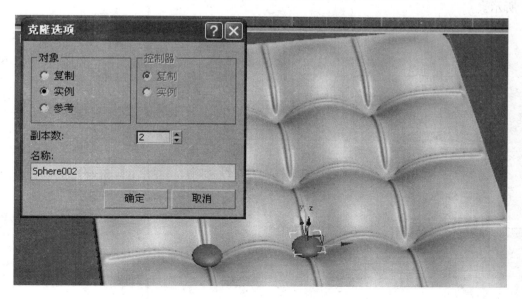

图 8 – 71 复制

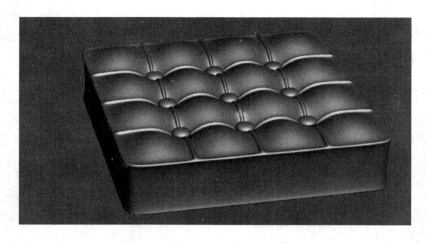

图 8 – 72　最终效果

8.4　应用【可编辑多边形】创建藤椅

　　启动 3DSMAX,设置单位为毫米(mm)。点击命令面板【创建】 ✳ ,单击【几何体】 ◎ ,选择【标准基本体】 标准基本体 ,单击 长方体 ,在前视图单击并拖动创建一个长方体。点击 ◿ 进入【修改】面板,修改长方体参数设置长度为 800,宽度为 1200,高度为 200,设置分段为 1 × 1 × 1,如图 8 – 73 所示。在长方体上单击右键将其转化为【可编辑多边形】,如图 8 – 74 所示。在透视图左上角【真实】处单击右键选择【边面】,如图 8 – 75 所示。

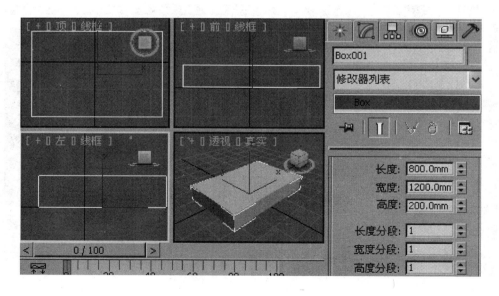

图 8 – 73　创建长方体

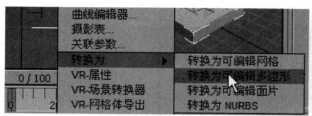

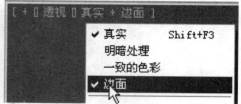

图 8 – 74 转化为可编辑多边形　　　　　　　　图 8 – 75 显示边面

在【修改】面板点击【边】层级 ，选择前正面长水平边，单击【环形】

环形，同类型的平行线都被选上，如图 8 – 76 所示。再单击【编辑边】栏下的【连接】

连接 右边的【设置】按钮，设置分段为 2，滑块为 55，偏移为 0，单击 ✓ 确认，如图

8 – 77 所示。

图 8 – 76 边连接

图 8 – 77 正面边连接

在长方体侧面选一条水平边，单击环形 环形，再单击【编辑边】栏下的【连接】

连接 右边的【设置】按钮，设置分段为 1，滑块为 0，偏移为 55。单击 ✓ 确认，如图

8 – 78 所示。

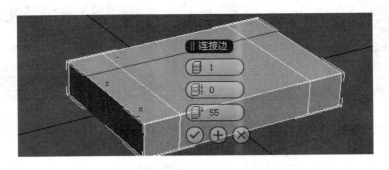

图 8 - 78 侧面边连接

在【选择】栏下单击 ▇ 激活次物体多边形,进入【多边形】层级,然后在【编辑多边形】 — 编辑多边形 栏下单击【挤出】 挤出 ▇ 按钮边上的【设置】▇ 按钮,单击 ✔ 确认,如图 8 - 79 所示。

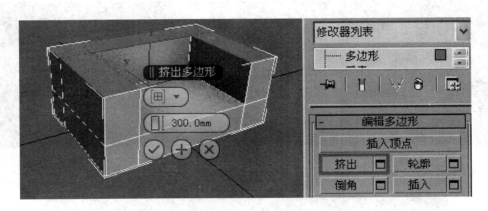

图 8 - 79 多边形挤出

在【选择】栏下单击 ▇ 选择不同的边,再选择单击【环形】 环形 。选择同类平行线,再执行【编辑边】栏下的 连接 ▇,多次对多边形进行【边连接】,手动细分,如图 8 - 80 所示。

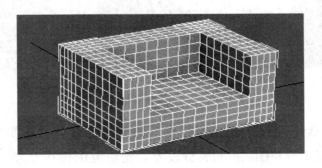

图 8 - 80 多次边连接

单击 修改器列表 右边 下拉箭头,添加【网格平滑】修改器,如图 8 - 81 所示。

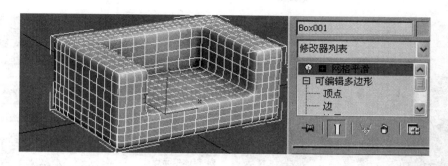

图 8 - 81　添加【网格平滑】

选择物体,单击鼠标右键,将其转换为【可编辑面片】,如图 8 - 82 所示。转化为【可编辑面片】后情形如图 8 - 83 所示。

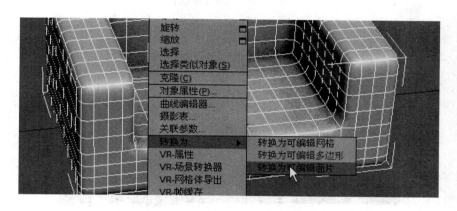

图 8 - 82　转化为可编辑面片

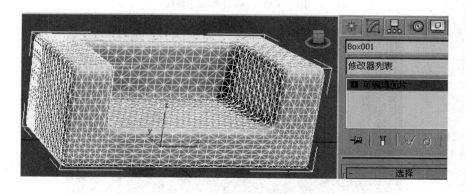

图 8 - 83　添加【可编辑面片】形态

单击【修改器列表】 修改器列表 右边 下拉箭头,选择【噪波】修改器,如图 8 - 84所示。复制模型,并改变【噪波】参数,如图 8 - 85 所示。单击鼠标右键将两个物体转换为【可编辑多边形】，在【选择】栏单击 进入次物体【边】模式，如图8－86所示。

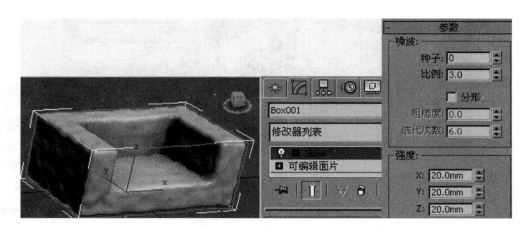

图 8－84　添加【噪波】

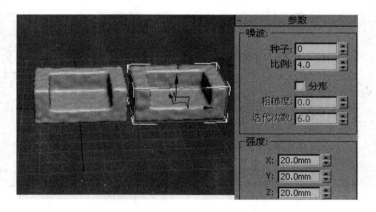

图 8－85　修改【噪波】参数

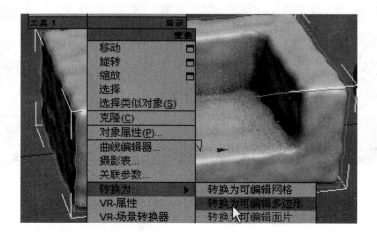

图 8－86　转化为可编辑多边形

选择模型所有边,点击【利用所选内容创建图形】,删除原模型,如图8-87所示。将右边几何体也转换为可编辑多边形,如图8-88所示。

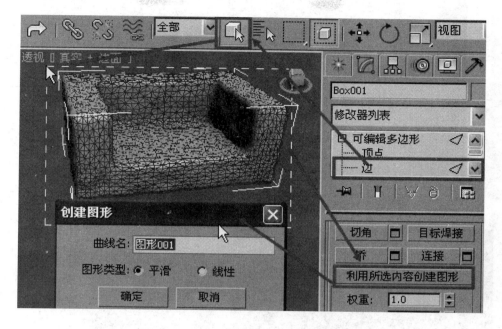

图8-87 选择全部边执行【利用所选内容创建图形】

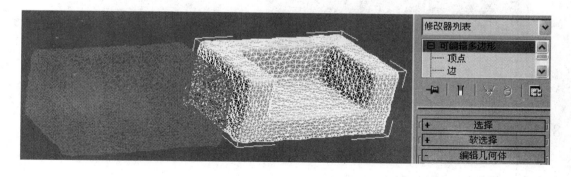

图8-88 转化为可编辑多边形

选择"图形001",单击 进入【修改】面板,修改线的【渲染】栏参数,勾选【在渲染中启用】、【在视口中启用】,设置【径向】栏厚度参数为20(具体数值根据情况而定),形态如图8-89所示。将复制的对象逐一进行如此操作,再将全部图形对齐组合在一起,创建圆柱体腿;统一附材质后渲染效果如图8-90所示。

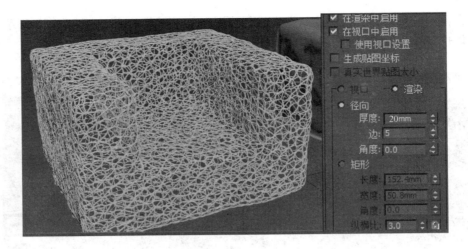

图 8 – 89　修改【渲染】参数

图 8 – 90　最终结果

8.5　应用【可编辑多边形】创建有机感性家具——潘顿椅

8.5.1　有机感性家具基本知识

　　有机感性家具造型的创意构思是从优美的生物形态风格和现代雕塑形式摄取灵感,结合壳体结构如塑料、橡胶、热压胶板等新兴材料应运而生;有机感性家具具有独特、生动、趣味的效果,超越抽象表现的范围,将具体形象经概括提炼作为造型的媒介。

　　从几何特征分析,有机感性造型家具是以生物形态曲线或曲面为造型元素,突破了自由曲线或直线所组成形体的狭窄单调的范围,简约但不是简单的直线、线、矩形、椭圆、平面、球体、椭球等特征可以概括。几何特征形式虽然简单却不随意,而是有优美的生物形态韵味,似乎只可神会而不可言传。3DSMAX 有机感性造型家具的建模不是简单的基本体、扩展基本体可以完成,也不是几个简单的编辑器可以完成,而需要用到造型强大的【可编辑多边形】工具。

8.5.2 应用【可编辑多边形】创建潘顿椅

图 8-91 和图 8-92 是潘顿椅正面图和侧面图,为了很好地把握潘顿椅神韵,在建模时为了防止变形与过度失真,也为了更好理解潘顿椅每一个建模步骤的依据与操作要领,我们将潘顿椅正面图和侧面图作为视图背景,在建模时作为建模操作参考。

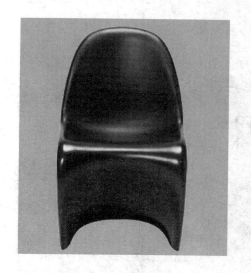

图 8-91 潘顿椅正面

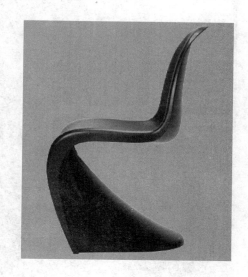

图 8-92 潘顿椅侧面

启动 3DSMAX,设置单位为毫米(mm)。打开潘顿椅正面图、侧面图文件所在文件夹,用鼠标左键把潘顿椅正面图和侧面图分别拖进前视图和左视图,在弹出的【位图视口放置】对话框中勾选【视口背景】,如图 8-93 所示。

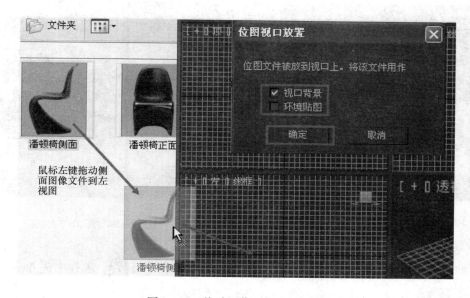

图 8-93 拖动图像到相应的视窗

点击视图使用快捷键 Alt + B,打开【视口背景】对话框,选取【匹配位图】、【显示背景】、【锁定缩放/平移】等选项(见图 8 - 94),结果如图 8 - 95 所示。为了更好地制作模型,关闭栅格(快捷键 G),使用滚轮把图片缩放到最佳位置,如图 8 - 96 所示。

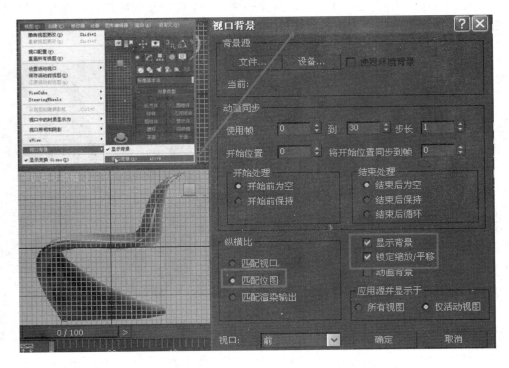

图 8 - 94　视口背景设置

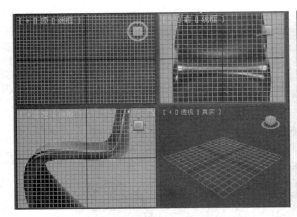

图 8 - 95　视口背景效果

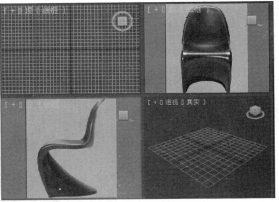

图 8 - 96　缩放与去网格

在前视图点击【创建】命令面板 ，单击【几何体】 ，选择【标准基本体】，在列出的标准基本体中单击 平面 ,创建一个平面。使用 将前视

图放大,如图 8-97 所示。确认平面处于被选状态,单击 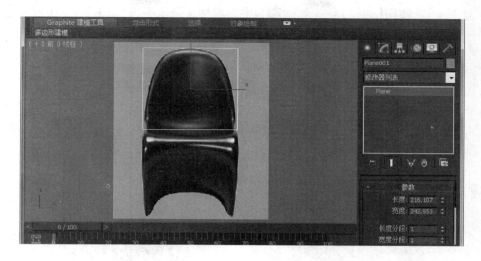 进入【修改】面板,修改平面长度分段为 1,宽度分段为 1。单击鼠标右键转化为可编辑多边形。

图 8-97　创建平面

单击 进入【修改】面板,在【选择】栏激活【顶点】 ,在前视图选择左右两边顶点移动到到适当位置。在【选择】栏下单击 切换到次物体【边】层级,选择左右两条边,点击【编辑边】栏下【连接】 连接 右边的【设置】 按钮增加边,如图 8-98 所示。使用缩放工具 将新建的线段向内缩放,如图 8-99 所示。使用【选择并移动】 工具调整点的位置,如图 8-100 所示,新边左右点正好在图像左右边界上。

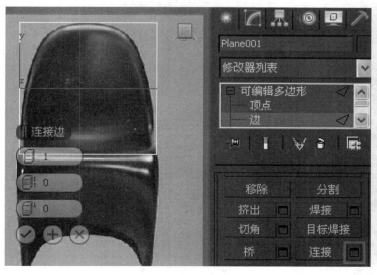

图 8-98　边连接

图 8-99　移动新边

297

再次选择上面的左右竖直边,使用【连接】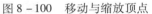设置,添加一条直线。并使用缩放工具、【选择并移动】工具调整新增加的边,使其左右点正好在潘顿椅图像左右边界上。

重复上一步,使用【连接】连接□为平面增加 4 条水平边,如图 8 - 101 所示。

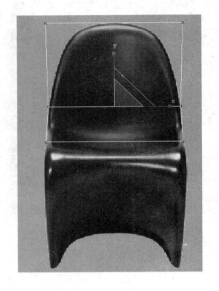

图 8 - 100　移动与缩放顶点

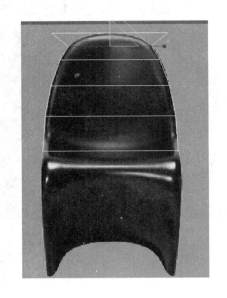

图 8 - 101　重复边连接、顶点移动与缩放

选择最上面的边缩放到适当位置,如图 8 - 102 所示。然后切换为顶点模式,选择两个顶点,点击【切角】切角　□右边的【设置】工具,并调整顶点位置,如图 8 - 103 所示。

图 8 - 102　移动边

图 8 - 103　顶点切角

进入左视图,使用顶点模式,使用【选择并移动】![]工具,平移顶点到与外沿边轮廓对齐,如图8－104所示。切换到前视图,进入【边】编辑模式,选择所有水平边,使用【连接】 连接 ![]工具右边的【设置】![]按钮,增加中间线段,并选择平面中间新增全部边,如图8－105所示;再切换到左视图,移动刚才选择的边到椅子的靠背位置,多边形形态如图8－106所示。

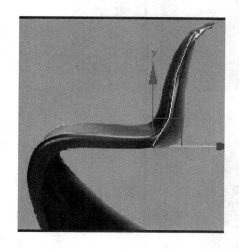

图 8－104　移动顶点与椅边沿重叠

图 8－105　边连接并移动

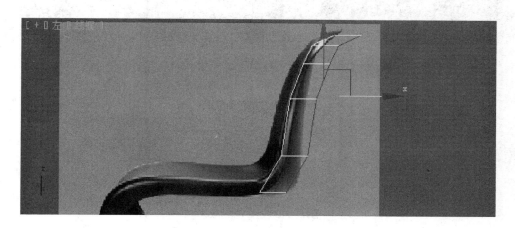

图 8－106　移动边

再次在【选择】栏下激活【顶点】![],使用顶点模式,如图 8－107 所示。使用【选择并移动】![]工具调整点的位置,发现下端的位置少了一个分段。再次使用【边】编辑模式,使用【连接】 连接 ![]工具再次新增水平边,然后调整位置,如图 8－108 所示;然后在前视图选择两边的线段使用【连接】,分别增加一条分段,使弯度更加平滑,如图8－109 所示。

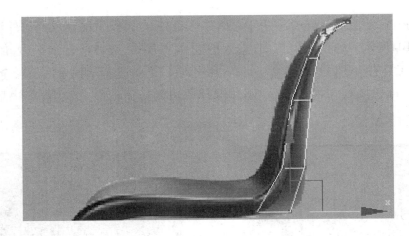

图 8 – 107   移动顶点

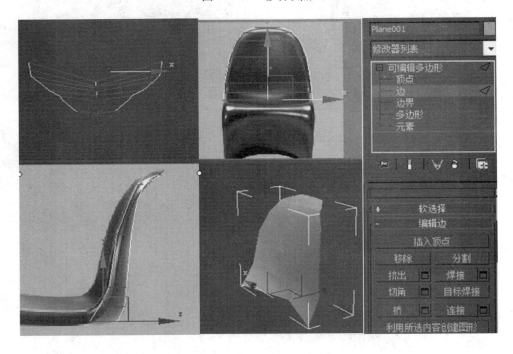

图 8 – 108   移动后效果

图 8 – 109   边连接

在【选择】栏下单击 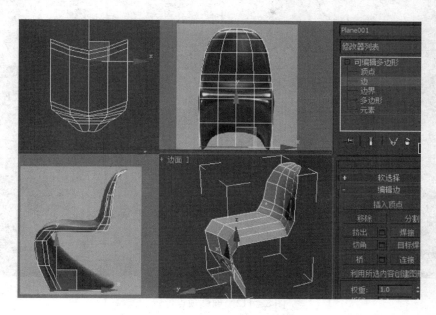 切换到次物体【边】层级，在左视图，框选最下端的线段，使用【选择并移动】工具，按住 Shift 键移动，对椅子最下端的边进行多次移动，复制拖出椅子的大概形状，并应用【选择并移动】工具，调整位置，如图 8 – 110 所示。在透视图左上角右击【真实】，在左视图增加边面效果。

图 8 – 110　多次复制最下端边

选择座面位置的线段，使用【连接】　连接　　工具右边的【设置】　　按钮，增加两个分段，切换为【顶点】模式，选择并调整点位置，如图 8 – 111 所示。

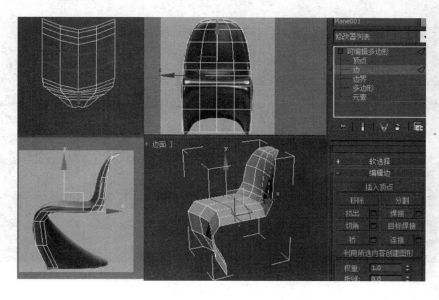

图 8 – 111　座面部分边连接

在【选择】栏下激活【顶点】 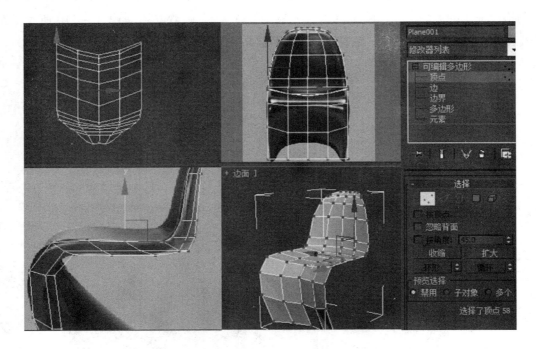，使用【顶点】模式，调整座面侧边边沿点的位置，如图 8－112 所示。呈现中间低两边高的曲线效果，如图 8－113 所示。

图 8－112　调整顶点位置

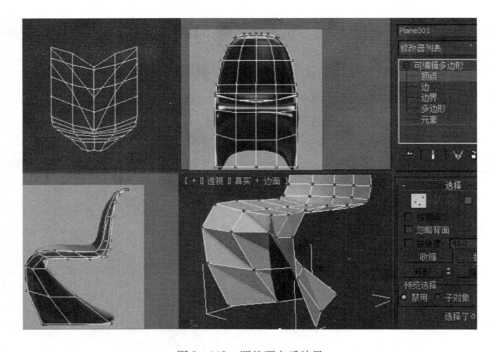

图 8－113　调整顶点后效果

　　选择椅子左右边沿的边线,如图 8 – 114 所示。使用【选择并移动】⊕工具 + Shift 键复制出椅子向后弯的形态,如图 8 – 115 所示。然后切换至【顶点】模式,移动各点到相应的位置,如图 8 – 116 所示。

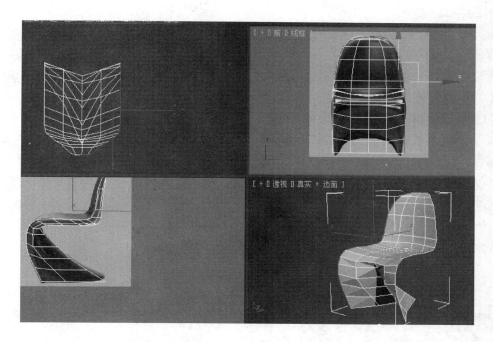

图 8 – 114　　选择轮廓边

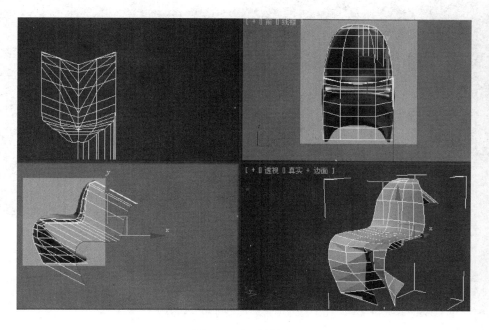

图 8 – 115　　复制边

单击【修改器列表】 `修改器列表` 右边下拉箭头,添加【对称】修改器,使模型两边形成对称模式,如图 8 - 117 所示。

退出次物体,在椅子上单击右键,将其转换为可编辑多边形,如图 8 - 118 所示。单击【修改器列表】 `修改器列表` ,添加【壳】,设置外部量为 0,内部量为 4,如图 8 - 119 所示。再点击右键,转换成可编辑多边形,选择【顶点】模式,使用缩放工具,选择下面错位的两排点,并在 Y 轴向下移动,使两排点在同一直线上,移动底部的顶点,使底部的厚度有明显变化,如图 8 - 120 和图 8 - 121 所示。

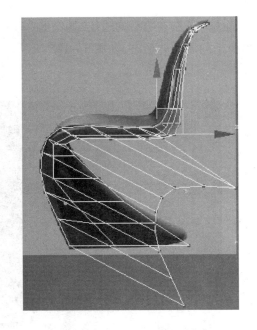

图 8 - 116　切换到顶点

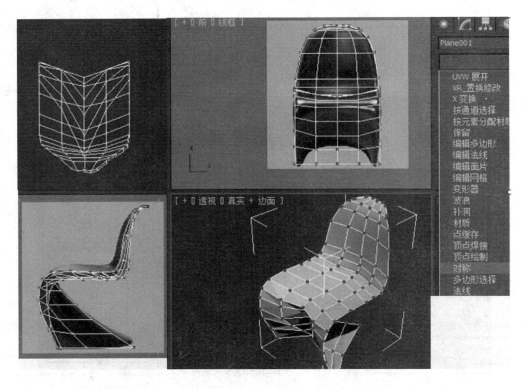

图 8 - 117　添加【对称】

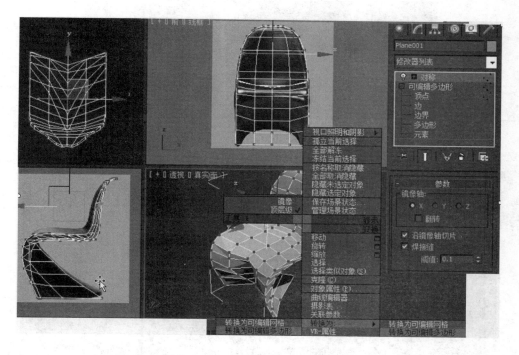

图 8 – 118 转化为可编辑多边形

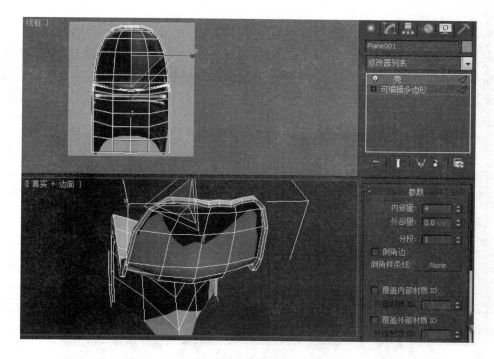

图 8 – 119 添加【壳】

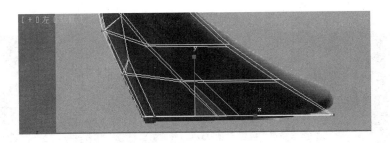

图 8 – 120　移动顶点

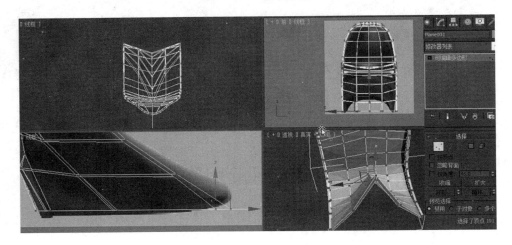

图 8 – 121　移动顶点情况

为了能看见实时效果,可在修改器里添加涡轮平滑(见图 8 – 122),进行查看,查看完点击涡轮平滑进行删除。在【选择】栏下单击 切换到次物体【边】层级,如图 8 – 123 所示框选边缘的线段,点击【环形】,则选择到如图 8 – 124 所示一组环形边。

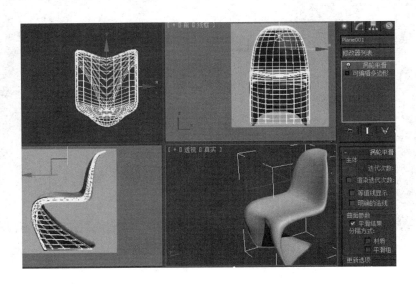

图 8 – 122　细分曲面

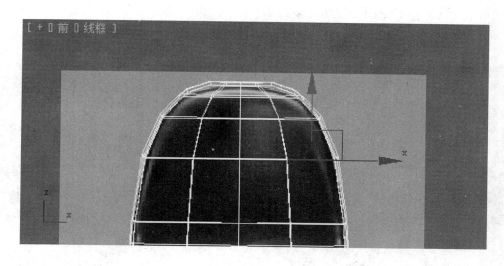

图 8 – 123　选择边

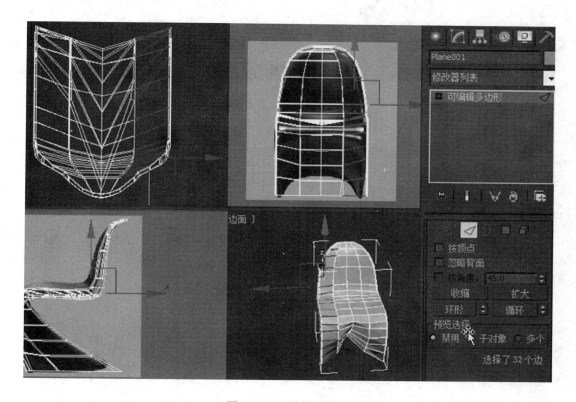

图 8 – 124　选择环形边

使用【连接】 连接 工具右边的【设置】 按钮,增加分段线,分段为 1,收缩为 0,滑块为 – 72(主要参考在图上新增边的位置),如图 8 – 125 所示。依然在【边】模式下,点击【切割】,在透视图中绘制两条连接的线,如图 8 – 126 所示。再次使用【切割】创建 3 条线段,作为分段,如图 8 - 127 所示。退出【多边形】编辑模式,添加【对称】修改器,如图 8 - 128 所示。

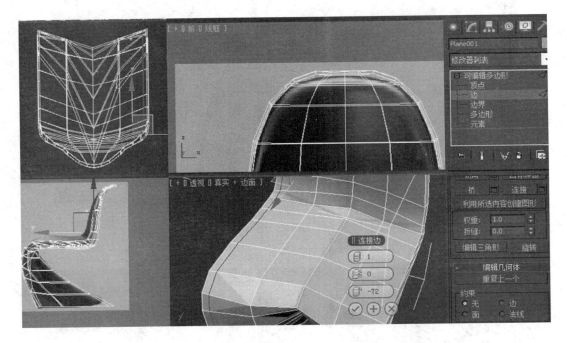

图 8 - 125　边连接

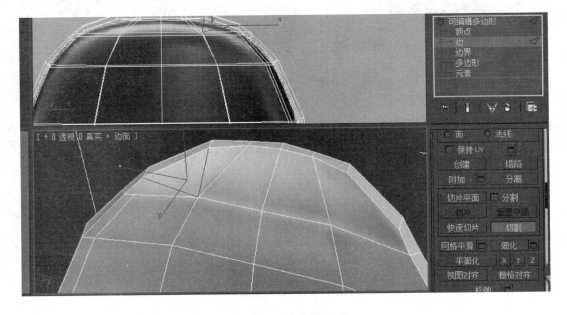

图 8 - 126　切割增加面

图 8 - 127 继续切割

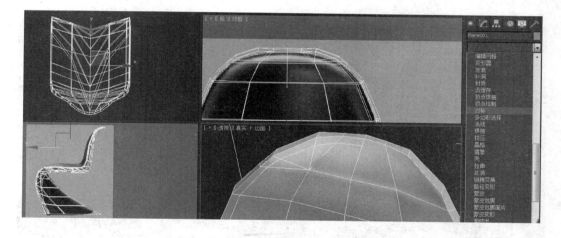

图 8 - 128 添加【对称】

在【边】模式下,选择下端线段,使用【连接】工具增加一个分段,分段为 1,收缩为 0,滑块为 78,如图 8 - 129 所示。结果如图 8 - 130 所示。

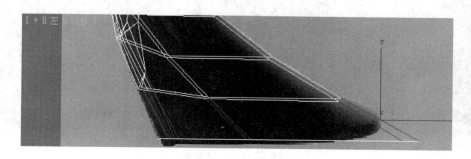

图 8 - 129 选择边

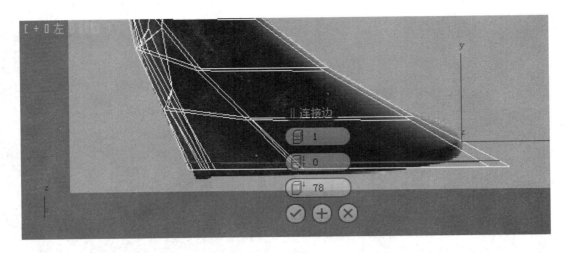

图 8 – 130　执行【连接】

单击【修改器列表】修改器列表，添加【网格平滑】修改器，最终效果如图 8 – 131 所示。

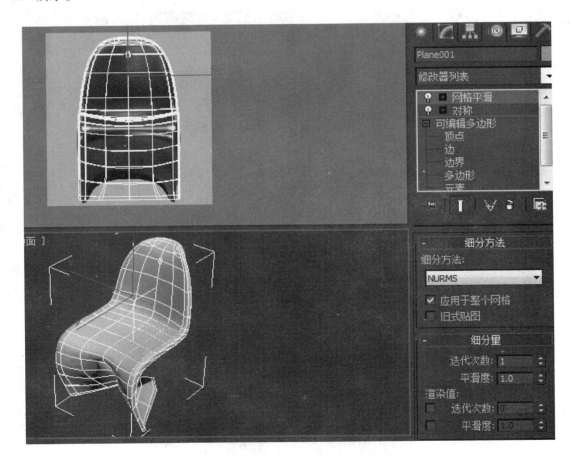

图 8 – 131　最终效果

参 考 文 献

［1］时代印象.中文版 3ds max 2012 实用教程［M］.北京:人民邮电出版社,2013.

［2］王强,牟艳霞,李绍勇.3ds max 2009 基础教程［M］.北京:清华大学出版社,2009.

［3］孙启善,王玉梅.3ds max 7 室内设计师必备使用手册［M］.北京:希望电子出版社,2008.

［4］腾龙视觉设计工作室.3ds max 7 中文版工业造型案例精解［M］.北京:科学出版社,2005.